Claudia Fischer

30 Minuten für
profitable
Akquise-Telefonate

Bibliografische Information Der Deutschen Nationalbibliothek

Die Deutsche Nationalbibliothek verzeichnet diese Publikation in der Deutschen Nationalbibliografie; detaillierte bibliografische Daten sind im Internet über http://dnb.d-nb.de abrufbar.

Wird empfohlen von

N24

Copyright © 2007 N24 GmbH
(MM MerchandisingMedia GmbH)

Umschlag und Layout: die imprimatur, Hainburg
Lektorat: Friederike Mannsperger, Offenbach a. M.
Satz: Zerosoft, Timisoara, Rumänien
Druck und Verarbeitung: Salzland Druck, Staßfurt

© 2009 GABAL Verlag GmbH, Offenbach a. M.

3. Auflage 2011

Hinweis:
Das Buch ist sorgfältig erarbeitet worden. Dennoch erfolgen alle Angaben ohne Gewähr. Weder Autor noch Verlag können für eventuelle Nachteile oder Schäden, die aus den im Buch gemachten Hinweisen resultieren, eine Haftung übernehmen.

Printed in Germany

ISBN 978–3–89749–932–4

Abonnieren Sie unseren Newsletter unter:
www.gabal-verlag.de

In 30 Minuten wissen Sie mehr!

Dieses Buch ist so konzipiert, dass Sie in kurzer Zeit prägnante und fundierte Informationen aufnehmen können. Mithilfe eines Leitsystems werden Sie durch das Buch geführt. Es erlaubt Ihnen, innerhalb Ihres persönlichen Zeitkontingents (von 10 bis 30 Minuten) das Wesentliche zu erfassen.

Kurze Lesezeit
In 30 Minuten können Sie das ganze Buch lesen. Wenn Sie weniger Zeit haben, lesen Sie gezielt nur die Stellen, die für Sie wichtige Informationen beinhalten.

- Alle wichtigen Informationen sind blau gedruckt.

- Schlüsselfragen mit Seitenverweisen zu Beginn eines jeden Kapitels erlauben eine schnelle Orientierung: Sie blättern direkt auf die Seite, die Ihre Wissenslücke schließt.

- *Zahlreiche Zusammenfassungen innerhalb der Kapitel erlauben das schnelle Querlesen. Sie sind blau gedruckt und zusätzlich durch ein Uhrsymbol gekennzeichnet, sodass sie leicht zu finden sind.*

- Ein Register erleichtert das Nachschlagen.

Inhalt

Vorwort

Das Telefon ist eines der erfolgreichsten Kommunikationsmedien überhaupt. Sein Erfolg begann 1861 mit der ersten brauchbaren Übertragung der Sprache durch Johann Philipp Reis und ist bis heute ungebrochen. Laut eines UN-Berichts von Ende 2007 gibt es mittlerweile über 4 Milliarden Telefonanschlüsse weltweit. Und die Bedeutung des Telefonierens nimmt nach wie vor zu – trotz (oder gerade wegen) des stetig wachsenden E-Mail-Aufkommens.

Das Telefon: unersetzbar
Der große Vorteil ist die direkte und persönliche Kommunikation. Es geht um mehr als reinen Informationsaustausch – es geht vor allem um das Gespräch selbst. Wenn Sie etwas kaufen möchten, interessieren Sie sich zunächst für die Produkteigenschaften und den Preis. Diese lassen sich oft schon im Internet aufrufen und vergleichen. Doch erst wenn Sie mit dem Verkäufer gesprochen und das Gefühl haben, dass er auch bei weiteren Fragen für Sie da ist, fühlen Sie sich wirklich gut beraten.

Das Telefon: anspruchsvoll
Das Telefon ist eines der anspruchsvollsten Kommunikationsmittel. Denn anders als beim Schreiben von E-Mails oder Briefen haben Sie während des Gesprächs kaum Bedenkzeit, um über den Inhalt oder die Formulierung Ihres nächsten Satzes nachzudenken. Ihr Gesprächspartner erwartet eine sofortige, freundliche und professionelle Reaktion auf seine Fragen und Wünsche.

Diese Erwartung ist besonders hoch, wenn Sie derjenige sind, der anruft – beispielsweise weil Sie Ihrem Gegenüber ein Angebot machen, ihn als Kunden gewinnen möchten. Denn in diesem Fall weiß der Angerufene möglicherweise noch nicht einmal, dass es Sie gibt. Sie sind es, der etwas von ihm möchte – zu seinem Vorteil, versteht sich. Damit Ihre Telefonate erfolgreich ablaufen und allen Kundenansprüchen gerecht werden, brauchen Sie fundiertes Wissen und eine gute Vorbereitung.

Lernen Sie daher in diesem Buch,
- wie Sie sich optimal auf ein Telefonat vorbereiten,
- welche Wirkung Ihre Stimme hat,
- wie Sie mit der Zauber-Sprache eine positive Gesprächsatmosphäre schaffen,
- wie Sie Ihre Telefonate aufbauen,
- wie Sie herausfordernde Situationen meistern und
- wie Sie das Gespräch erfolgreich abschließen.

Viel Erfolg wünscht Ihnen herzlichst

Ihre Claudia Fischer

www.telefontraining-claudiafischer.de

1. Sich einstimmen

„Telefonieren kann doch jeder" – so denken die meisten. Und wenn es um die reine Inhaltsvermittlung geht, haben sie zum Teil recht. Doch zum erfolgreichen Telefonieren gehört viel mehr! Eine lebendige, natürliche Stimme, die den Wunsch weckt, ihr über einen längeren Zeitraum hinweg zuzuhören; das Können, mit wenigen Worten den Gesprächspartner zu fesseln und für das eigene Thema zu interessieren; das Wissen, wie man mit weniger freundlichen Zeitgenossen und Situationen umgeht. Erst auf dieser Basis gestalten Sie durch Ihre Telefonate positive und für beide Seiten attraktive Geschäftsbeziehungen. Lesen Sie nun zunächst, welche Bedeutung eine positive Einstellung gegenüber dem Telefonieren hat.

1.1   Erfolg ist Einstellungssache

Eine Grundvoraussetzung für erfolgreiche Telefonate ist, dass Sie voll und ganz davon überzeugt sind, Ihrem Gesprächspartner neue, für ihn relevante Informationen zu präsentieren, ihn gut zu beraten und zu betreuen. Gerade im Telefonbereich sind Ängste, Hemmungen oder negative Glaubensmuster extrem hinderlich. Falls auch Sie innere Hemmschwellen haben, trösten Sie sich: Sie können sich ändern und die richtige Grundeinstellung trainieren. Dann macht das Telefonieren erst richtig Spaß.

Wollen wollen
Ein Erfolgsfaktor auf dem Weg zu profitablen Akquise-Telefonaten ist Ihre Einstellung. Denn: Gegen

die eigene Einstellung zu handeln ist schwer. Deshalb lohnt es sich, wenn Sie sich gedanklich auf Ihren Erfolg „polen", ihn willkommen heißen. Gönnen Sie sich einige ruhige Minuten. Visualisieren Sie alle Vorteile, die Sie durch diesen Lernprozess generieren.

Stellen Sie sich vor,
- Sie telefonieren erfolgreich.
- Sie telefonieren souverän, antworten kompetent und sicher auf alle Fragen.
- Sie reagieren sicher auf Kritik und unangenehme Situationen.
- Sie wirken sympathisch auf Neu- und Bestandskunden.
- die Bindung zu Ihren Kunden nimmt zu.
- Sie lernen etwas Neues, werden herausgefordert.
- der Erfolg eröffnet Ihnen berufliche Chancen.

Formulieren Sie diese Vorteile in der Jetzt-Zeit – dadurch werden sie greifbar, realistisch (im Gegensatz zu Zielen, die in der fernen Zukunft liegen). So haben Sie das Gefühl, schon jetzt von den Vorteilen zu profitieren.

Definieren Sie Ihre Ziele

Sie sehen Ihre Vorteile und sind motiviert. Jetzt heißt es, ganz konkrete Ziele zu definieren – denn nur wer genau weiß, was er möchte, wird das auch erreichen. Ein erfolgreiches Vorgehen zur Visualisierung von Zielen ist das SMART-Modell aus dem Projektmanagement. Dieses Modell besagt, dass jedes Ziel fünf Eigenschaften aufweisen muss.

Das SMART-Modell:

- Spezifisch – Definieren Sie klare Ziele. Machen Sie die Anforderungen, die Ihr Beruf an Sie stellt, zu Ihren eigenen, spezifischen Zielen.
- Messbar – Formulieren Sie alle Details, die Sie für Ihre Zielerreichung realisieren werden.
- Attraktiv – Machen Sie Ihre Ziele attraktiv, denn wenn die Erreichung Ihnen auch Vorteile bringt, machen Sie sich mit viel Motivation auf den Weg.
- Realistisch – Planen Sie Ihre Ziele realistisch, mit sportlichem Ehrgeiz.
- Terminiert – Erstellen Sie einen Zeitplan, wann und wie Sie Ihre Ziele erreichen wollen.

Fixieren Sie Ihre Ziele, indem Sie sie aufschreiben. Formulieren Sie sowohl die Ziele selbst als auch alle notwendigen Zwischenschritte. Sehen Sie Ihre so festgeschriebenen Ziele als eine Vereinbarung mit sich selbst – und bestätigen Sie sie durch Ihr Autogramm. Am besten, Sie übertragen parallel alle dazugehörigen Termine, wie die Zielerreichung oder Zwischenziele, in Ihren Kalender.

Mit einer positiven Einstellung und dem Willen, sich zu *verbessern, werden Sie erfolgreich sein. Formulieren Sie alle Vorteile, von denen Sie profitieren, wenn Sie professionelle Techniken für das Telefonieren erlernen. Formulieren Sie anschließend konkrete Ziele.*

1.2 Mentale Gesprächseinstimmung

Unmittelbar bevor Sie Ihren Gesprächspartner anrufen, sollten Sie sich die Zeit nehmen, sich mental auf das Telefonat vorzubereiten.

Der Erfolg eines Telefonats hängt nicht nur von den Informationen ab, die Sie vermitteln, sondern auch von der Art, wie Sie dies tun. „Stimmen" Sie sich deshalb vor einem Telefonat auf dieses ein. Stellen Sie sich den Erfolg Ihres Gesprächs deutlich vor: Sie machen den Kunden schlau und er erfährt von Ihnen etwas, das ihm nutzt.

Positive Ankerpunkte

Nutzen Sie die Macht der Gedanken. Stimmen Sie sich positiv ein, etwa mit einem positiven Ankerpunkt auf Ihrem Schreibtisch (Gegenstand, Foto etc.) und einer Erfolgsstatistik (s. S. 73). Auf diese Weise „verankern" Sie das Gefühl des Erfolgs mit dem Ankerpunkt. Führen Sie wichtige Gespräche im Vorfeld mental erfolgreich durch. Wenn Sie während des Telefonats Sicherheit brauchen, rufen Sie Ihr Erfolgsstimmungsbild neu ab.

Umgang mit abweisendem Verhalten

Seien Sie sich bewusst, dass Ihr Gesprächspartner in jeder erdenklichen Art reagieren kann, wenn Sie ihn anrufen. Falls er unfreundlich wirkt, kann das viele Gründe haben: Vielleicht hat er ein unangenehmes Gespräch hinter sich, sucht gerade verzweifelt ein wichtiges Dokument oder er hat einfach einen schlechten Tag. Es kann auch sein, dass er unfreundlich wirkt, ohne es zu wissen.

All diese möglichen Reaktionen können Sie weder steuern noch vorhersehen. Sollte Ihr Gegenüber also unfreundlich oder abweisend reagieren, denken Sie daran, dass dies ganz andere Gründe als Ihren Anruf haben kann.

Indem Sie sich den Erfolg Ihres Telefonats vor Augen führen, stimmen Sie sich positiv auf das entsprechende Gespräch ein. Sie können diese guten Gefühle mit einem Gegenstand verankern und sie so jederzeit wieder reaktivieren. Wenn Sie an einen unangenehmen Gesprächspartner geraten, nehmen Sie sein Verhalten nicht persönlich. Es ist wahrscheinlich, dass es nicht von Ihnen ausgelöst wurde, sondern eine andere Ursache hat.

1.3 Positive Stimmung wiedererlangen

Kennen Sie diese Situation? Sie rufen einen potenziellen Gesprächspartner an. Ihr Tagesgefühl ist unsicher, Ihre Begeisterung lässt zu wünschen übrig. Es klingelt am anderen Ende der Leitung, aber niemand nimmt den Hörer ab. Sie legen erleichtert auf, weil Sie dieses Gespräch nicht führen mussten. Diese Erleichterung ist ein Zeichen für Ihre Einstellung, gerne den inneren Schweinehund siegen zu lassen – Sie schreiben nun doch lieber eine E-Mail.

Ihre negative Einstellung bewirkt, dass Ihre Motivation deutlich nachlässt. Dementsprechend gering werden auch Ihre Erfolge sein. Ein Teufelskreis.

Selbstüberlistung durch Eigenkonditionierung

Erinnern Sie sich noch an die sogenannte „Pawlowsche Konditionierung" aus dem Schulbiologieunterricht? Pawlow hatte erkannt, dass Verhalten häufig auf Reflexen aufbaut, die sich „konditionieren" lassen. Bekannt sind vor allem seine Versuche mit Hunden. Er hatte herausgefunden, dass die Speichelproduktion bei Hunden bereits beim Anblick des Fressens beginnt. Über einen längeren Zeitraum hinweg hörten seine Hunde vor der Fütterung einen Klingelton. Schließlich hatten diese das Klingeln innerlich so stark mit der Fütterung verbunden, dass bereits beim Hören des Klingelns die Speichelproduktion begann. Es war Pawlow gelungen, einen neuen Reflex zu „konditionieren".

Diese Konditionierung funktioniert auch bei Menschen. Sie können sie sich zunutze machen, indem Sie sich selbst auf positive Verhaltens- und Denkweisen konditionieren. Identifizieren Sie die Ursachen Ihrer negativen Einstellung dem Telefonieren gegenüber. Vielleicht haben Sie das Gefühl, Ihr Anruf störe Ihren Gesprächspartner? Halten Sie sich vor Augen, dass Sie ihm ein Produkt oder eine Dienstleistung anbieten, die ihm nützt und diese Zeit wert ist. Vielleicht spart er durch sie sogar die wenigen Minuten, die das Telefonat dauert, um ein Vielfaches wieder ein.

Vielleicht fürchten Sie, belächelt oder wenig ernst genommen zu werden? Wenn Sie inhaltlich und sprachlich gut vorbereitet sind, sind Sie startklar, um Ihr Produkt oder Ihre Dienstleistung kompetent und souverän vorzustellen. Kurz: Machen Sie sich deutlich, dass Sie ein Dienstleister sind – also „Dienste leisten". Sie sind

Spezialist auf Ihrem Themengebiet und helfen Ihrem Kunden dabei, Widrigkeiten zu meistern oder gar zu verhindern. So unterstützen Sie ihn dabei, seine Arbeit entspannter und effektiver zu gestalten.

So konditionieren Sie sich selbst auf Erfolg
Wenn Sie sich zu sehr in einer negativen Gedankenwelt befinden und Sie daneben den grundsätzlichen Willen zum Erfolg haben, helfen Ihnen diese Tipps, Ihren Optimismus zurückzugewinnen:

1. Sich selbst beobachten: Eben waren Sie noch motiviert und auf einmal sind die negativen Gefühle wieder da. Analysieren Sie Ihre Gefühle. Was hat sie ausgelöst? Wie fühlen sie sich an?

Gerade in solchen Fällen verfallen viele Menschen in die Vermeidungsstrategie. E-Mails lesen, Ablage sortieren – auf einmal ist alles wichtiger als der vorhin geplante Anruf. Kommen Sie sich selbst auf die Schliche und bleiben Sie stark!

2. Negative Gefühle beenden: Zelebrieren Sie im Notfall Ihr Selbstmitleid. Jedoch mit zeitlicher Begrenzung. Maximal 10 Minuten reichen. Es ist hilfreich, kurz den Arbeitsplatz zu verlassen, und sei es in Form eines Ganges um den eigenen Schreibtisch. Dann beenden Sie die Selbstmitleidsparty und signalisieren: „Schluss damit."

3. Positive Gefühle wecken: Schalten Sie anschließend bewusst auf positive Gefühle um. Unterstützen Sie

Ihren Stimmungsaufschwung durch Siegerlaune. Denken Sie an vergangene Erfolge, begeisterte Kunden und erhaltenes Lob. Wenn Sie handfeste Erinnerungen haben (etwa Visitenkarten oder eine Dankesmail), nehmen Sie sie in die Hand und verstärken Sie so Ihr Erfolgsgefühl.

Gute Gefühle lassen sich auch aus persönlichen Gegenständen ziehen. Blumen oder Fotos Ihrer Lieben wirken sich positiv auf die Atmosphäre Ihres Büros aus. Sie fühlen sich wieder auf Erfolgskurs? Dann ist jetzt der ideale Zeitpunkt für einige sehr erfolgreiche Telefonate. Schließen Sie alle Außeneinflüsse aus und „ziehen" Sie Ihren Ziel- und Zeitplan ohne weitere Unterbrechung durch.

4. Belohnen Sie sich: Sie waren stark, motiviert, engagiert. Sie haben plangemäß alle Telefonate durchgeführt und sind nun zu Recht stolz auf sich. Gönnen Sie sich etwas Gutes. Sie haben es sich verdient.

Führen Sie auch eine eigene Statistik über Ihre Telefonate (s. S. 74), und halten Sie darin insbesondere Ihre Erfolgserlebnisse fest. So schaffen Sie eine ideale Basis für die mentale Vorbereitung auf weitere Gespräche!

> **Übung: Gut gelaunt in den Tag**
> Asiatische Unternehmer wissen es schon lange: Wer lächelt, geht positiver in den Tag. Denn ein Lächeln bewirkt unter anderem die Ausschüttung sogenannter Glückshormone, die Ihren Körper, Ihre Stimmung und damit auch Ihre Stimme zum Positiven beeinflussen. Diese Wirkung ist wissenschaftlich nachgewiesen.

Deshalb sollten Sie regelmäßig lächeln. Am besten, Sie starten mit einem Lächeln in den Tag. Stellen Sie sich dazu vor einen Spiegel und lächeln Sie sich selbst 60 Sekunden an. Auch wenn schon beim Lesen dieser Übung der innere Schweinehund gewaltig knurrt: Überwinden Sie Ihre Zweifel! Und je öfter Sie Ihr Spiegelbild anlächeln, desto leichter wird es Ihnen fallen. Die Vorteile dieser Übung sind immens: Lächeln hilft immer, Sie fühlen sich besser, optimistischer und starten gut gelaunt in den Tag – und das hört man Ihrer Stimme an.

Geringe Motivation und geringer Erfolg bilden einen *Teufelskreis. Durch eine aktive Eigenkonditionierung ist es jedoch möglich, ihn zu durchbrechen. Halten Sie sich die Vorteile Ihres Anrufes für Ihren Kunden vor Augen. Stoppen Sie negative Gefühle bewusst und wandeln Sie sie in positive um. Durch eine Belohnung für erfolgreiche Telefonate motivieren Sie sich zusätzlich.*

1.4 Eine sympathische Stimme ist trainierbar

Jeder Mensch kann seine Stimme zum Positiven beeinflussen. Doch was Schauspieler und Sänger schon lange wissen, wird im Geschäftsleben noch kaum berücksichtigt. Ein Großteil der Menschen telefoniert „aus dem Bauch heraus". Eine Vorbereitung auf das Gespräch erfolgt – wenn überhaupt – lediglich in Bezug auf die Verkaufsargumente.

Dabei findet nur ein Bruchteil der Kommunikation tatsächlich auf der inhaltlichen Ebene statt. Im Vordergrund stehen andere Signale, die der Gesprächspartner empfängt: Worte, Tonfall und Timbre entscheiden darüber, wie andere Sie wahrnehmen. Denn Ihre Stimme offenbart selbst kleinste Gefühlsnuancen, die Ihr Gegenüber bewusst oder unbewusst verarbeitet und zu einem Gesamteindruck verdichtet. Gerade bei geschäftlichen Telefonaten, bei denen Ihr Fachwissen vorausgesetzt wird, trägt der sachliche Inhalt lediglich zu 13 Prozent zum Gesamteindruck bei. Wie Sie wirken – mit Ihrer Stimme, Ihrer Art zu sprechen und Ihren Worten – beeinflusst den Eindruck zu 87 Prozent.

Eben aus diesem Grund ist Ihre Stimme ein wichtiger Faktor für Ihren Erfolg am Telefon. Denn: Andere begeistern und motivieren kann nur, wer seine Stimme optimal einsetzt. Selbst die spannendsten Inhalte verpuffen wirkungslos, wenn sie nicht gekonnt übermittelt werden. Im Folgenden erfahren Sie, wie Sie das Potenzial in Ihrer Stimme und Ihren Worten entdecken können. Seien Sie mutig und probieren Sie es aus! Lassen Sie sich auf Neues ein – sonst bleibt alles beim Alten. Anfangs werden einige Tipps ungewohnt erscheinen. Vielleicht werden Sie sich auch unsicher fühlen – weil Sie Ihre „Komfortzone" verlassen. Diese Gefühle sind völlig normal. Immerhin lassen Sie alte Gewohnheiten hinter sich und begeben sich in sprachliches Neuland. Bald schon werden Sie „Fuß gefasst" haben und alle Formulierungen werden Ihnen völlig natürlich und richtig vorkommen.

Die Stimme stimmen

Haben Sie schon einmal Ihre Stimme auf Tonband oder Video gehört? Vermutlich waren Sie darüber entsetzt, wie Ihre Stimme klingt. Und wenn Sie Ihre

Freunde darauf ansprachen, bekamen Sie höchstwahrscheinlich die Antwort, dass Sie doch immer so klingen würden.

Profitieren Sie von diesem Erlebnis, indem Sie es zum Anlass nehmen, an Ihrer Stimme zu arbeiten. Denn: Eine sympathische Stimme wird Ihnen nicht in die Wiege gelegt, und im Laufe Ihres Lebens wird sie sich höchstwahrscheinlich verändern. Intensive Eindrücke und Erlebnisse können Ihrer Stimme über kurz oder lang eine neue Nuance verleihen. Grund genug, sich mit der eigenen Stimme zu beschäftigen und sie „zu stimmen".

Die optimale Stimmlage finden

Jeder Mensch hat „seine" Stimmlage, in der seine Stimme voll und sympathisch klingt. Die meisten Menschen sprechen jedoch nicht in dieser sogenannten Indifferenzlage, sondern häufig in einer anderen Stimmlage. Im Gespräch mit anderen Menschen wirkt sich das oft negativ aus, weil die Gesprächspartner unbewusst diese Disharmonie wahrnehmen und sie als negative Eigenschaft wie Inkompetenz, Desinteresse oder Schüchternheit auslegen.

Mit einer einfachen Übung können Sie Ihre Indifferenzlage selbst finden:

Übung Indifferenzlage

Setzen Sie sich bequem und atemtypgerecht hin und stellen Sie sich Ihr Lieblingsessen vor mit allem, was zu einem hervorragenden Essen dazugehört. Vielleicht ein Restaurant oder die heimische Terrasse. Ein guter Wein. Konzentrieren Sie sich nun auf das Essen. Es sieht gut aus. Es riecht gut. Nun beißen Sie in Gedanken hinein und stellen fest, dass es fantastisch schmeckt. Und weil es so gut schmeckt, sagen Sie genießerisch „Mmmhh". Wiederholen Sie diesen Laut mehrmals. Sprechen Sie dann einen kurzen Satz in dieser Tonhöhe, etwa Ihre übliche Telefonbegrüßung.

Bei richtiger und vor allem regelmäßiger Anwendung dieser Übung versetzen Sie Ihre Stimme automatisch in Ihre ganz persönliche Indifferenzlage.

Schnelleres Verstehen durch langsameres Sprechen
Neigen Sie dazu, am Telefon schneller zu sprechen als in einem persönlichen Gespräch? Auslöser für unbewusstes Schnellsprechen kann Nervosität sein oder die Befürchtung, den anderen zu belästigen. Machen Sie sich jedoch bewusst: Je schneller Sie sprechen, desto schwieriger wird es für Ihren Gesprächspartner, Sie zu verstehen. Viele werden Ihre hohe Sprechgeschwindigkeit als Unsicherheit auslegen. Wenn sie nicht alles verstehen, schalten sie dann eher ab, als nachzufragen. Die fatale Folge davon: Ihre Botschaft kommt nicht an. Schulen Sie Ihre Sensibilität für Sprechgeschwindigkeit – am besten, indem Sie sich selbst (oder jemand anderem) laut vorlesen. Sprechen Sie dabei bewusst deutlich und betont. Auch wenn dies zunächst befremdlich wirkt, werden Sie schnell ein besseres Gespür für Sprechgeschwindigkeit, Intonation und auch Lautstärke entwickeln.

Tipp: Achten Sie während des Telefonats auf das Tempo des anderen: Spricht er deutlich langsamer als Sie, passen Sie sich an – und umgekehrt.

Deutliche Sprache für klare Aussagen

Es gibt Menschen, die beim Reden eher durch die Zähne sprechen und die Lippen kaum bewegen. Wenn Sie Ihre Aussprache und speziell die deutliche Artikulation trainieren möchten, führen Sie folgende Übung aus:

Übung Korkensprechen
Sie brauchen lediglich einen kurzen Text und einen Korken oder Stift. Beißen Sie auf den Korken und lesen Sie den Text laut vor. Sie werden feststellen, dass Ihre Worte nur dann verständlich sind, wenn Sie absolut exakt betonen und Ihre Lippen intensiv bewegen. Wiederholen Sie diese Leseübung regelmäßig.
Lesen Sie so lange denselben Text, bis ein Zuhörer ihn gut verstehen kann – erst dann bitte einen neuen auswählen.

Feedback einholen

Wenn Sie mit geeigneten Übungen an Ihrer Stimme arbeiten, werden Sie früher oder später die gewünschten Veränderungen wahrnehmen. Manchmal bemerkt Ihre Umgebung diese früher als Sie selbst. Motivieren Sie sich, indem Sie nach einigen Wochen täglicher Übungen Feedback von Freunden oder guten Kollegen erbitten. Hilfreich ist es auch, sich selbst Nachrichten auf der Mailbox zu hinterlassen. Positive Rückmeldungen und das selbst Gehörte werden Sie in Ihren Fortschritten bestätigen. Bei den meisten klingt die trainierte Stimme überzeugender, sympathischer und ausgeglichener, und bei Frauen teilweise etwas tiefer.

Durch das Sprechen in Ihrer Indifferenzlage wirken Sie noch erfolgreicher und authentischer. Nutzen Sie die beschriebenen Übungen, um Ihre Stimme und Sprechgewohnheiten zu „stimmen".

1.5   Finden Sie Ihren Atemtyp

Eine der natürlichsten Komponenten des Sprechens ist die Atmung. Sicher haben Sie schon einmal die Erfahrung gemacht, dass Sie bei falscher Körperhaltung nicht mehr so deutlich und entspannt sprechen können wie sonst. Ist die Körperhaltung typwidrig, erschwert sie die typgerechte Atmung.

Grundsätzlich wird zwischen zwei Atemtypen unterschieden: dem Einatmer und dem Ausatmer. Während der Einatmer aktiv einatmet und passiv ausatmet, ist es beim Ausatmer umgekehrt. Für jeden der beiden Atemtypen gibt es verschiedene Möglichkeiten, die Atmung und damit auch die Stimme zu unterstützen. Menschen, die sich – meist ohne es zu wissen – typwidrig verhalten, wirken oft eigenartig auf ihr Gegenüber. Darum ist es für Ihre Kommunikation überaus vorteilhaft, wenn Sie Ihren Atemtyp kennen.

Der Einatmer

Wenn Sie ein Einatmer sind, halten Sie sich während des Telefonierens aufrecht – entweder in sitzender Position oder durch Umhergehen. Reines Stehen widerspricht Ihrem Atemtyp. Halten Sie im Sitzen den Oberkörper gerade, nutzen Sie die Stuhllehnen und strecken Sie die Beine, wobei Sie die Füße auf dem Boden oder einem Fußhocker abstellen können. Kippen Sie das Becken etwas nach hinten – dadurch kommt die Wirbelsäule in eine leicht s–förmige Biegung. Kopf und Kinn sind leicht nach hinten geneigt.

Als Einatmer verwenden Sie beim Telefonieren möglichst ein Headset.

Der Ausatmer

Als Ausatmer sitzen Sie ohne Lehne leicht nach vorne gebeugt – natürlich ohne dabei einen „Rundrücken" zu machen. Sie sitzen also leicht im Hohlkreuz, was bei geradem Rücken sehr bequem ist. Diese Position unterstützen Sie dadurch, dass Sie Ihre Unterschenkel nach hinten anwinkeln. Neigen Sie Kopf und Kinn leicht nach unten, sodass die Blickrichtung etwa zwei Grad unterhalb der Waagerechten liegt.

Auch für den Ausatmer ist ein Headset sehr gut geeignet – anders als beim Einatmer ist die Entscheidung für ein Headset jedoch vor allem davon abhängig, ob Sie sich damit wohlfühlen und welches Modell für Sie infrage kommt.

Tipp: Mehr Informationen zu Ihrem Atemtyp finden Sie in meinem Buch „Maximale Telefonpower".

Durch Ihre Körperhaltung beeinflussen Sie Ihren Atem. *Wählen Sie je nach Atemtyp die für Sie richtige Sitzhaltung: Einatmer halten sich sitzend wie gehend aufrecht, während Ausatmer am besten im Hohlkreuz sitzen können.*

1.6 Planung und Organisation

Im Vorfeld der Telefonate gibt es einige „Basisarbeiten", die, gewissenhaft durchgeführt, deutlich zum Gesprächserfolg beitragen.

Telefonzeiten definieren und planen

Generell ist es sinnvoll, Telefonzeiten fest einzuplanen. Wenn Sie Ihre persönlichen Telefonzeiten gefunden haben, halten Sie dieses Zeitfenster unbedingt ein. Am besten, Sie tragen sie sofort fest in Ihren Kalender ein. Stellen Sie sich folgende Fragen:

- Gibt es besondere Zeiten, zu denen Sie Ihre Zielkunden am besten erreichen?
- Wann ist Ihre persönliche Hoch-Zeit des Tages?
- Wie lassen sich die Telefonzeiten am besten in Ihre Arbeitsabläufe integrieren?

Grundsätzlich ist es sinnvoll, Telefonate mit ähnlichem Inhalt möglichst hintereinander zu führen. Sie reduzieren so die Einarbeitungs- und Eindenkzeit für die einzelnen Gespräche.

Störfrei telefonieren

Schließen Sie Störungen so weit als möglich aus. Vereinbaren Sie mit Ihren Kollegen Ihre Telefonzeiten (vor allem wenn Sie im Innendienst oder einem Großraumbüro sitzen). Hilfreich ist ein rotes Hinweisschild, welches Sie vor Telefonaten an Ihre Bürotür oder sichtbar an eine Wand hängen.

Erfolg ist Einstellungssache. Visualisieren Sie deshalb alle Vorteile, die Sie durch professionelles Telefonieren haben. Trainieren Sie Ihre Stimme, damit Sie sympathisch „rüberkommen". Gut geplant ist halb gewonnen – legen Sie Ihre persönlichen Telefonzeiten fest. Starten Sie den Tag mit einem Lächeln und begegnen Sie etwaigen Motivationstiefs gezielt mit einer Neumotivierung.

2. Professionelle Gesprächsvorbereitung

Was möchte ich im Vorfeld über meinen Gesprächspartner wissen?

Wie werde ich Experte auf meinem Fachgebiet?

Wie gestalte ich meine persönliche Telefonstory?

Wie fessele ich meinen Gesprächspartner von Anfang an?

Jeder, der sich um einen Arbeitsplatz bewirbt, wird sich im Vorfeld eines Gesprächs über das entsprechende Unternehmen und seine Gesprächspartner informieren. Auch Sie sind ein Bewerber – ein Bewerber Ihrer Produkte oder Dienstleistungen. Machen Sie sich bewusst: Ein gutes Telefonat beginnt lange bevor Sie den Hörer abheben – mit guter Recherche.

2.1 Informieren Sie sich

Etwa 90 Prozent aller Menschen bereiten sich gar nicht oder nur oberflächlich auf ein Gespräch vor. Eine gute Recherche birgt für Sie aber die Chance, dass Ihr Gesprächspartner Sie als Experte akzeptiert und Sie sich so einen Vorteil gegenüber Ihren Mitbewerbern verschaffen.

Das Unternehmen kennenlernen
Im ersten Schritt sollten Sie sich über das Unternehmen informieren, das Sie anrufen werden. Zunächst bietet sich hierzu ein Besuch der unternehmenseigenen Website an. Nicht nur das Themengebiet „Produkte", auch der Presse- und Publikationsbereich kann – wenn vorhanden – sehr aufschlussreich sein. Vielleicht finden Sie auch eine digitale Version des neuesten Geschäftsberichtes.

Weitere Recherchemöglichkeiten bieten Webseiten der lokalen Presse. Wenn Sie den Unternehmensnamen in die Suchmaske eingeben, finden Sie mit etwas Glück aktuelle Informationen über Ihren Gesprächspartner. Nutzen Sie auf jeden Fall Online-Suchmaschinen, um weitere Informationen ausfindig zu machen. Dabei können Sie neben neutralen Fakten auch recherchieren, welche (subjektiven) Meinungen die Kunden des Unternehmens verbreiten. Wenn Sie etwa eine Softwarelösung zur Verwaltung von Kundendaten verkaufen, ist es sehr hilfreich zu wissen, dass bereits im Internet über die fehlerhafte Kundenverwaltung des Unternehmens berichtet wurde. Mit dieser Information können Sie gezielt diejenigen Vorteile Ihres Produktes ansprechen, die bei der jetzigen Lösung des Unternehmens fehlen.

Mehr über den Gesprächspartner erfahren
Informationen über Ihren Gesprächspartner können wertvoll sein. Sie helfen Ihnen, seine Entscheidungsbefugnisse besser einzuschätzen. Dabei sind Daten zu seinem Werdegang oder darüber, wie lange er bereits in diesem Unternehmen tätig ist, genauso interessant wie persönliche Informationen über ihn.

Bei einigen Firmen finden Sie eine Vorstellung der Mitarbeiter direkt auf der Firmenwebsite. Alternativ oder als Ergänzung zu diesen Informationen sind Personensuchmaschinen zu empfehlen – für den deutschsprachigen Raum etwa www.yasni.de oder www.123people.com. Diese Angebote sind auf die Suche von Personen spezialisiert und bieten ihre Ergebnisse übersichtlich aufbereitet an – zum Teil direkt mit der Information, aus welchem Ort die jeweilige Person kommt. Nach wie vor bietet auch die Suche über „normale" Suchmaschinen wie Google viele Informationen.

Wenn Sie nicht sicher wissen, ob die gefundene Person Ihr Gesprächspartner oder ein Namensvetter ist, können Sie eindeutigere Ergebnisse bei Online-Communities erzielen. Gerade im Geschäftsbereich hat sich das Business-Netzwerk www.xing.com etabliert, das mittlerweile fast fünf Millionen Mitglieder hat – mit etwas Glück auch Ihren Ansprechpartner.

Informationen zur Branche suchen

Die allgemeine Absatzsituation der jeweiligen Branche und die Konkurrenz insgesamt haben einen nicht zu vernachlässigenden Einfluss auf die Entscheidungen eines Unternehmens. Deshalb ist es von Vorteil, wenn Sie sich vor einem Telefonat auch über den aktuellen Zustand der Branche informieren.

Stellen Sie sich dabei diese Fragen:

- Welche Mitbewerber hat das anzurufende Unternehmen?
- Wie stark ist seine Position auf dem Markt?
- Wie geht es der Branche allgemein?

Informieren Sie sich über das Unternehmen und die Person, die Sie anrufen möchten. Gewinnen Sie auch einen Überblick über die Branche insgesamt. „Wissen ist Macht" – und je mehr Sie über Ihren zukünftigen Kunden wissen, desto stärker können Sie Ihre Argumentation auf seine Bedürfnisse ausrichten.

2.2   Seien Sie Experte auf Ihrem Gebiet

Vor einem Telefonat sollten Sie zum einen möglichst viel über Ihren potenziellen Kunden wissen, zum anderen Ihre eigene Produktpalette ebenso intensiv studiert haben. Denn um ein erfolgreiches Telefonat zu führen, muss der Kunde Sie als Experten auf Ihrem Fachgebiet anerkennen.

Informationen zu eigenen Produkten zusammenstellen
Sie sollten sich im Vorfeld intensiv mit diesen Themen beschäftigen:

- Welche Produkte verkaufen Sie? Mit welchem Kundennutzen und zu welchen Preisen?
- Welche Produkte könnten aus welchen Gründen für diesen Kunden besonders interessant sein? Welche Fragen könnte er stellen und wie werden Sie reagieren?
- Welche Angebote haben Ihre Mitbewerber?
- Welche Sonderaktionen oder speziellen Angebote für Neukunden gibt es zurzeit in Ihrem Unternehmen oder beim Wettbewerb?

Während eines Telefonats bleibt Ihnen wenig Zeit, Informationen zu recherchieren. Um Einwände schlagfertig zu entkräften und kompetent auf Fragen antworten zu können, ist es notwendig, dass Sie alle Daten, Vorteile und Preise Ihrer Produkte im Kopf haben. Doch keine Angst vor der Informationsflut! Oft hilft es gerade bei den ersten Telefonaten, die Daten quasi als „Backup" in übersichtlicher Weise neben sich liegen zu haben. Diese Notizen dienen Ihrer Absicherung.

Referenzprojekte kennen
Sie haben auf dem Gebiet Ihres potenziellen Kunden bereits Erfahrung? Dann sollten Sie diese Referenzprojekte ebenfalls vorstellen können.
Beschäftigen Sie sich mit diesen Fragen:

- Für welche Firma wurde das Projekt durchgeführt?
- In welchem Zeitraum?
- Wie war die konkrete Aufgabenstellung und wie haben Sie sie gelöst?
- Mit welchem Erfolg?

Sollte Ihr Gesprächspartner das Projekt oder den Firmennamen kennen, haben Sie eine Assoziations-Brücke geschaffen. Falls dem noch nicht so ist, zeigen Sie ihm anschaulich die Kompetenz und das Können Ihres Unternehmens am Beispiel der Referenz.

Werden Sie ein Experte Ihrer Produkte. So können Sie jederzeit die Verkaufsargumente Ihrer Produkte oder Dienstleistungen nennen und jede Frage beantworten, die Ihr Kunde stellt. Auf diese Weise profilieren Sie sich als Fachmann und erhöhen Ihre Glaubwürdigkeit ungemein.

2.3 Ihre individuelle Telefonstory

Viele Verkäufer stehen einem Telefonleitfaden skeptisch oder sogar abweisend gegenüber. Kein Wunder, sind viele Leitfäden doch starr und unflexibel, sodass der Verkäufer nach „Schema F" telefoniert – und das hört auch der Kunde.

Ein individuelle Telefonstory bewirkt das Gegenteil:
Sie unterstützt Sie bei Ihrem Telefonat, gibt Ihnen einen Rahmen für den Gesprächsaufbau und schützt Sie
davor, einfach „draufloszutelefonieren".

Sieben Erfolgsstufen im Telefonat
Ein gutes Telefonat besteht aus sieben Erfolgsstufen
(die im weiteren Verlauf des Buches genauer beleuch-
tet werden). Dementsprechend sollte auch Ihr
Leitfaden aus diesen sieben Schritten bestehen.
Die sieben Erfolgsstufen:

- Positiver Gesprächseinstieg
- Analysieren des Bedarfs
- Nutzenargumentation
- Einwandbehandlung
- Zielvereinbarung
- Ermitteln des Zusatzbedarfs
- Professioneller Gesprächsabschluss

Natürliche Sprache nutzen
Schreiben Sie Ihre Telefonstory unbedingt selbst! Denn
wenn andere sie für Sie geschrieben haben, riskieren
Sie, dass Sie wenig authentisch wirken und Ihre Sprache beim Lesen holprig und unecht klingt. Das hört
auch Ihr Gegenüber und interpretiert es schlimmstenfalls als Inkompetenz oder Desinteresse.

Gerade die zentralen Gesprächselemente Ihrer individuellen Telefonstory – Gesprächseinstieg, Nutzenargumentation, Einwandbehandlung und Abschluss –
sollten Sie formulieren und aufschreiben, bevor Sie sie

erstmalig bei einem Kunden anwenden. Sie werden feststellen, dass Sie sich viel besser vorbereitet fühlen und dadurch an Sicherheit und Souveränität gewinnen. Lesen Sie die fertig formulierten Texte laut. So prüfen Sie, ob Sie die gewählten Formulierungen als „natürlich" empfinden und damit gut zurechtkommen. Achten Sie bitte auch auf eine kundenorientierte Sprache, die sich durch eine persönliche Anrede und die Vermeidung von Ich-Aussagen zugunsten von Sie-Aussagen auszeichnet. Wenn Ihre Telefonstory fertig ist, wird sie eine gute Unterstützung Ihrer Gespräche sein, ohne Sie in Ihrer Flexibilität einzuschränken.

Eine individuelle Telefonstory ist sehr hilfreich und führt *Sie durch jedes Gespräch. Dadurch, dass Sie die wichtigsten Gesprächselemente schriftlich fixiert haben, gewinnen Sie an Sicherheit.*

2.4   Ein guter Start für Ihr Telefonat

Bereits in den ersten 30 bis 50 Sekunden nach der Begrüßung zeigt sich, ob Ihr Gespräch erfolgreich verlaufen wird. In dieser Zeitspanne entscheidet Ihr Gesprächspartner, ob er bereit ist, Ihnen zuzuhören – und in welcher Intensität. Deshalb sollten Sie sich auf den Gesprächseinstieg intensiv vorbereiten.

Drei Komponenten für einen guten Gesprächseinstieg:
- Namensnennung und Begrüßung
- Satz zur Sache
- Einstiegsfrage

Namensnennung und Begrüßung

Der Beginn eines Gesprächs entscheidet oft bereits über dessen Ende. Schon bei Ihren ersten Worten legt Ihr Gesprächspartner fest, ob er Sie als sympathisch, offen und interessiert einschätzt. Unterstützen Sie ihn dabei, Sie als die freundliche und kompetente Person kennenzulernen, die Sie sind.

Im ersten Schritt muss Ihr Gesprächspartner erfahren, mit wem er spricht. Als Anrufer grüßen Sie zuerst Ihren Ansprechpartner, dann melden Sie sich mit Vor- und Zunamen – das schafft Vertrauen und macht Sie einzigartig. Nennen Sie auch das Unternehmen, für das Sie anrufen. So vermitteln Sie dem anderen ein erstes Bild von sich und geben ihm dadurch die Möglichkeit, sich mental auf das Gespräch einzustellen.
Ob es für Sie sinnvoller ist, zuerst den eigenen Namen oder den Ihres Unternehmens zu nennen, hängt maßgeblich von dem Bekanntheitsgrad des Unternehmens ab. Eine rhetorische Grundregel besagt, dass das zuletzt Gesagte immer am deutlichsten im Gedächtnis bleibt. Daraus lässt sich auch eine Grundregel für Ihre Grußformel ableiten: Hat das Unternehmen, für das Sie anrufen, einen hohen Bekanntheitsgrad, dann sollten Sie zuerst Ihren Namen und dann den des Unternehmens nennen. Ihr Gegenüber merkt sich so vor allem den Unternehmensnamen und hat, wenn er diesen kennt, sofort einen ersten Anhaltspunkt zur Thematik des Telefonats.

Ist der Bekanntheitsgrad Ihres Unternehmens hingegen eher gering, dann nennen Sie bitte zuerst den Unternehmensnamen und anschließend Ihren eigenen. Ansonsten nimmt Ihr Kunde einen ihm völlig unbekannten Unternehmensnamen als Schlüsselelement Ihrer Begrüßung wahr und wird sich unweigerlich die Frage stellen: „Wer ist das?" Durch solch eine Irritation des Kunden erschweren Sie sich Ihren positiven Gesprächseinstieg.

Der Satz zur Sache

Nach der Begrüßung gilt es, innerhalb kürzester Zeit ein so starkes Interesse an Ihrem Thema aufzubauen, dass Ihr Gesprächspartner gleichsam gefesselt wird. Hierzu eignet sich der „Satz zur Sache", der auf den Grund Ihres Anrufes eingeht und gleichzeitig die ersten Nutzenargumente darstellt. Wählen Sie aus allen Vorteilen, die Ihr Produkt zu bieten hat, die zwei aus, die Ihren potenziellen Kunden am meisten interessieren dürften, und nennen Sie beide Argumente innerhalb der ersten 30 bis 50 Gesprächssekunden. Die Wahrscheinlichkeit, dass zumindest einer der beiden Vorteile für Ihr Gegenüber interessant ist und er deshalb weiterhin interessiert zuhört, ist hoch. Der Satz zur Sache könnte so lauten:

„Herr Kunde, aus Ihrer Homepage geht hervor, dass ..." *<Fakten>. „Der Anruf bei Ihnen hat den Grund, dass ..."* *<Grund>. <Firmenname>„... ist spezialisiert auf ..."* *<Thema oder Branche>. „Das heißt, Sie bekommen durch ... <Produkt oder Dienstleistung> eine maßgeschneiderte Lösung, die Ihnen im Bereich XY Ihre Vorteile <Vorteil 1>, <Vorteil 2> sichert."*

Die Einstiegsfrage

Nachdem Sie Ihrem Gegenüber den Hauptgrund Ihres Anrufes dargestellt haben, beziehen Sie ihn nun aktiv in das Gespräch ein. Stellen Sie ihm eine Frage, die ihn dazu einlädt, seinerseits kurz seine Meinung oder Erfahrung zu diesem Themengebiet kundzutun. Formulieren Sie dabei möglichst eine offene Frage, damit Ihr Gesprächspartner sie mit einer Information – anstelle eines knappen „Ja" oder „Nein" – beantwortet.

Bei einem Telefonat, das einen Direktabschluss als Ziel hat, sind verschiedene offene Anschlussfragen möglich:

„Wie wichtig sind für Sie <Vorteil 1>, <Vorteil 2>?"
„Wie lösen Sie zurzeit <Herausforderung>?"

Möchten Sie eine Terminvereinbarung erreichen, stellen Sie offene Fragen, z. B.:

„Was halten Sie davon, wenn Sie in einem persönlichen Gespräch mehr über <Vorteile> erfahren? Wie passt Ihnen nächste Woche Montag?"

Nach einer offenen Begrüßung beginnen Sie das Gespräch optimalerweise mit dem „Satz zur Sache", der den Grund Ihres Anrufes und zwei konkrete Nutzenvorteile für Ihren potenziellen Kunden nennt. Durch die anschließende offene Frage regen Sie Ihren Gesprächspartner an, aktiv am Gespräch teilzunehmen, und signalisieren ihm Interesse an seinen Bedürfnissen. Eine gute Vorbereitung ist ein wichtiger Grundpfeiler Ihres Erfolgs.

Sammeln Sie im Vorfeld Informationen über Ihren Gesprächspartner und sein Unternehmen, ebenso über Ihre Produkte und die Ihrer Mitbewerber. Schreiben Sie Ihre persönliche Telefonstory, die Sie durch ein Gespräch leitet. Starten Sie anschließend begeistert in Ihr Telefonat: Mit einer freundlichen Begrüßung, dem Satz zur Sache und einer interessierten Einstiegsfrage.

3. Telefonsprache

Welcher Sprachstil ist erfolgreich?

Wie fühlt sich mein Gesprächspartner verstanden?

Wie bekomme ich die Information, die ich brauche?

Wie baue ich die Argumentation für meine Produkte auf?

Beim Telefonieren sind Sie für Ihren Gesprächspartner unsichtbar. Natürlich macht er sich innerlich ein Bild von Ihnen und nutzt dazu den einzigen Anhaltspunkt, den er hat: Ihre Stimme. Alles, was Sie sagen, und die Art, wie Sie es sagen, filtert er bewusst und unbewusst und leitet aus dem Ergebnis ab, wie sympathisch Sie ihm sind. Nutzen Sie diesen Sympathiefaktor, um die positive Wirkung Ihres Gesprächs zu erhöhen und Ihr Gesprächsziel zu erreichen. Mithilfe einer positiven Sprache und einer professionellen Gesprächsstruktur erhalten Sie die Informationen, die es Ihnen möglich machen, einen Dialog aufzubauen und dem Kunden seine individuellen Vorteile zu präsentieren.

3.1 Durch Zauber-Worte die Stimmung positiv beeinflussen

Kleine Worte können die Wirkung eines Satzes grundlegend beeinflussen. Anti-Worte wecken den Widerstand Ihres Gesprächspartners, provozieren ihn zu negativen Aussagen und erschweren dadurch die einvernehmliche Kommunikation. Zauber-Worte hingegen wirken sich äußerst positiv auf die Gesprächsatmosphäre aus. Ersetzen Sie deshalb die Anti-Worte durch Zauber–Worte. Sie wirken souveräner, Ihr Gesprächspartner versteht Sie besser und nimmt Sie positiver wahr.

Anti-Worte vermeiden
Anti-Worte wirken negativ, Füllwörter und Weichmacher machen die Aussage unsicher. Das Wort „aber" ist ein sehr starkes Anti-Wort, denn „aber" verbinden wir mit Konfrontation. „Aber" klingt meistens hart und stört die

Gesprächsatmosphäre. Als Alternative nutzen Sie z. B. die Formulierungen „und" oder „auf der anderen Seite". Verbannen Sie auch Füllwörter und Weichmacher aus Ihrem Wortschatz, denn sie haben keine Aussage, aber schwächen schlimmstenfalls Ihre Argumentation. Solche Füllwörter sind:

- ehrlich gesagt
- eigentlich, normal, normalerweise
- eventuell, vielleicht, wahrscheinlich
- ich denke, ich glaube
- im Prinzip, prinzipiell
- mal
- man

Zauber-Worte aneignen

Zauber-Worte sind positive Ausdrücke. Sie signalisieren Ihrem Gesprächspartner Ihre positive Einstellung und dass Sie seine Meinung interessiert. Verwenden Sie bewusst Zauber-Worte in Ihren Gesprächen. Solche Zauber-Worte sind:

- ausgezeichnet, fantastisch, hervorragend, genial, prima, super
- bitte, danke
- gern, gerne, selbstverständlich
- ja, absolut, natürlich
- richtig

Anti-Worte ersetzen

Für einen positiven Gesprächsverlauf ist es wichtig, dass Sie die Anti-Worte in Ihrem Wortschatz durch Zauber-Worte ersetzen. Lernen Sie hier die am häufigsten gebrauchten Anti-Worte und ihre positiven Pendants kennen.

Anti-Worte	Zauber-Worte
billig/günstig, teuer	preiswert, wertvoll/hochwertig
Kosten	Investition, Kondition, Preis
XY kostet	Sie investieren ...
nicht schlecht	gut, hervorragend, super, prima
erst	schon
gleich, umgehend	sofort, innerhalb von xy Minuten
Kein Problem	gern, selbstverständlich, sofort
zuständig	verantwortlich
Ja, aber ...	Aus Ihrer Sicht verständlich, dass ... <Standpunkt des anderen bestätigen>, und auf der anderen Seite ... <eigenen Standpunkt hinzufügen>
aber, doch, trotzdem	und, auf der anderen Seite, ganz abgesehen davon, andererseits
nur	Im Falle einer negativen Einschränkung ersatzlos streichen
Konjunktiv: würde, könnte, wäre ...	Indikativ: möchte, ist, ...
müssen, sollen, muss, soll	ersatzlos streichen
mal	Im Verbleib mit Zeitpunkt verbinden: Lassen Sie uns <Datum> telefonieren.
verlangen	wünschen
Konkurrenz	Mitbewunderer, Mitbewerber
Kritik	Hilfestellung
Problem	Frage, Anliegen, Chance, Aufgabe, Herausforderung
Vorschlag	Idee, Empfehlung
Vertrag	Vereinbarung, Übereinkommen
Unterschrift	Bestätigung, Zustimmung

Zauber-Worte verinnerlichen

Schauen Sie sich die Liste der Anti-Worte an: Welche benutzen Sie unbewusst? Durch welche Zauber-Worte möchten Sie sie ersetzen? Notieren Sie sich die Zauber-Worte, die Sie aktiv in Ihren Wortschatz einbauen möchten. Legen Sie diesen „Spickzettel" neben Ihr Telefon, bis Sie die Zauber-Worte völlig verinnerlicht haben.

 Streichen Sie Anti-Worte aus Ihrem Wortschatz und bedienen Sie sich der „Zauber-Worte".

3.2   Kundenorientierte Sprache

Ihr Gesprächspartner möchte sich wohl und verstanden fühlen. Einen maßgeblichen Beitrag dazu leistet die kundenorientierte Sprache, durch die Sie dieses Gefühl bei Ihrem Gegenüber wecken und verstärken.

Persönliche Anrede

Sprechen Sie Ihren Ansprechpartner mit seinem Namen an. Dadurch signalisieren Sie ihm, dass er Ihnen wichtig ist und Sie ihn als Gesprächspartner ernst nehmen. Sie erhöhen gleichzeitig seine Aufmerksamkeit und steigern den Sympathiegrad, den er Ihnen entgegenbringt. Doch Vorsicht! Wenn Sie den Namen Ihres Gegenübers ständig – vor jedem Satz oder jeder Frage – nennen, wirkt Ihre Freundlichkeit schnell künstlich. Setzen Sie die persönliche Anrede deshalb gezielt ein. Beispielsweise dann, wenn Sie etwas besonders hervorheben möchten, zur Gesprächssteuerung sowie auf jeden Fall für eine persönliche Begrüßung und Verabschiedung.

Echtes Lob

Jeder Mensch wird gerne gelobt. Gleichzeitig fällt es den meisten Menschen viel leichter, andere zu kritisieren, als zu loben. Nutzen Sie diese Chance und loben Sie Ihren Gesprächspartner.

Beachten Sie beim Loben folgende Tipps:

- Bleiben Sie ehrlich. Lob bedeutet, dass Sie die Leistung eines anderen anerkennen und ihm dies sagen.
- Seien Sie konkret. Verallgemeinerndes Lob – etwa wie: „Sie können immer alles so toll organisieren" – klingt oft wie eine Pauschalisierung, die Sie äußern, weil Ihnen nichts Besseres eingefallen ist.
- Loben Sie passend zum aktuellen Zeitpunkt. Wenn Sie ein längst vergangenes Thema wieder aufwärmen, wird dieses Lob vor allem Irritation auslösen, da die „Alarmglocken" beim anderen schrillen.

Orientierung zum Kunden

Der Mittelpunkt Ihres Telefonats ist Ihr Gesprächspartner, Ihr Kunde. Zeigen Sie ihm das, indem Sie Ihre Sprache auf ihn ausrichten. Vermeiden Sie ständige „Ich-Botschaften", also Sätze, bei denen Sie im Vordergrund stehen. Nutzen Sie „Sie-Botschaften", um den Kunden direkt anzusprechen, ihn in den Mittelpunkt zu stellen. Mit einer „Wir-Botschaft" wiederholen Sie gemeinsam besprochene Inhalte oder gemeinsame Ziele und festigen das Wir-Gefühl. Vergleichen Sie selbst: Wobei fühlen Sie sich mehr angesprochen – bei dem Satz „Ich wiederhole das noch einmal" oder bei „Lassen Sie uns gemeinsam noch mal kurz das Wichtigste durchgehen?" Machen Sie sich deutlich: Großartige Redner sind zurückhaltend und gewinnend zugleich. Sie wissen, dass sowohl Unsicherheit als auch Arroganz Killer jeder guten Kommunikation sind. Und sie wissen, dass die Welt nicht allein zum besseren Platz wird, weil sie reden. Um Ihren Gesprächspartner zu erreichen, brauchen Sie eine motivierende und begeisternde Verbindung zu ihm, die ihn inspiriert und ermutigt.

 Sprechen Sie Ihren Gesprächspartner direkt an und loben Sie ihn, wo es angebracht ist. Durch „Sie-" und „Wir-Botschaften"vermitteln Sie Ihrem Gegenüber das Gefühl von Aufmerksamkeit und Gemeinsamkeit.

3.3 Die richtige Fragetechnik für zielorientierte Telefonate

Durch eine positive Atmosphäre haben Sie die Basis für ein erfolgreiches Gespräch geschaffen. Jetzt konzentrieren Sie sich auf Ihr Ziel. Egal ob Sie einen Termin vereinbaren oder ein Produkt verkaufen möchten: Um Ihren Gesprächspartner zu überzeugen, sind zusätzliche Informationen über seine Person, sein Unternehmen, das aktuelle und zukünftige planbare Budget etc. sehr hilfreich. Durch eine zielorientierte, professionelle Fragetechnik erfahren Sie, was Sie wissen möchten.

Offene Frage
Durch eine offene Frage geben Sie dem Gefragten die Möglichkeit, seine Meinung zu einem bestimmten

Thema zu äußern: *„Wie stellen Sie zurzeit sicher, dass…?"* *„Welche Punkte liegen Ihnen bei XY besonders auf dem Herzen?"* Diese Frageart bietet Ihnen großes Potenzial. Sie signalisieren Interesse an den Wünschen und Bedürfnissen Ihres Gesprächspartners. Gleichzeitig führen Sie auf diesem Wege eine Bedarfsanalyse für Ihre Produkte durch und erfahren die Meinung Ihres Gegenübers. Sie erhalten also wertvolle Informationen, die Sie für ein individuelles Angebot brauchen.

Geschlossene Frage

Eine geschlossene Frage wird entweder mit „Ja" oder „nein" beantwortet. Sie ist sinnvoll für den Verkaufsabschluss. Sie dient auch zur Absicherung des Gesprächs durch Verständnisquittungen. Falsch eingesetzt, hemmen geschlossene Fragen den Gesprächsverlauf oder bereiten dem Gespräch gar ein frühes Ende. Vermeiden Sie zu Gesprächsbeginn geschlossene Fragefloskeln. Ein typisches Beispiel sind die Fragen: *„Haben Sie gerade Zeit?"* oder: *„Kennen Sie <Produkt/Unternehmen> bereits?"* Sie sind zwar gut gemeint, doch so mancher Verkäufer hat sich schon selbst ins Aus befördert, wenn darauf seitens des Kunden mit *„Nein"* oder mit *„Worum geht's denn?"* gekontert wurde. Wenn Sie es mit dem Menschentyp „Vielredner" zu tun haben, können Sie durch geschlossene Fragen seinen Redefluss eindämmen und den Fokus des Gesprächs auf dem gewünschten Thema halten. Kurz vor Gesprächsende bietet sich eine abrundende Verständnisquittung an, in der Sie abfragen, ob Sie alles richtig und vollständig erfasst haben.

Alternativfrage

Durch das Anbieten von Alternativen können Sie die Entscheidungsfindung Ihres Gesprächspartners einleiten. Die Alternativfrage zeigt generell zwei Möglichkeiten auf und fördert den Umsatz, wenn sie charmant und ansprechend formuliert wird. Ein Beispiel für eine Alternativfrage ist: *„Möchten Sie jetzt lieber ein Vanilleeis mit frischen, heißen Himbeeren, oder möchten Sie lieber unser hausgemachtes, äußerst leckeres Tiramisu?"*

Es gibt eine Ausnahme: Geht es um eine Terminvereinbarung, setzen Sie diese Frageart besser mit Bedacht ein. Hier erzeugt sie – auch unterbewusst – rasch einen negativen Beigeschmack, denn der Gefragte kann dann das Gefühl haben, dass er manipuliert wird mit dem Ziel, einen Termin und damit einen Kaufabschluss zu erreichen, vor allem wenn er mit Suggestiv- oder Alternativfragen schon negative Erfahrungen gemacht hat.

Motivierende Frage

Eine motivierende Frage ist eine offene Frage, die den Gesprächspartner ermuntert, seine persönliche Meinung zu äußern. Sie bewirkt, dass sich Ihr Gegenüber öffnet, weil Sie an seiner Meinung interessiert sind und seine Kompetenz würdigen. Dies gibt Ihnen die Möglichkeit, weitere Informationen zu erhalten. Hier zwei Beispiele für motivierende Fragen:

„Was sagen Sie als Fachmann zu der Entwicklung von ..." *<Marktsituation/Trend etc.>?*

„Was ist Ihnen besonders wichtig bei…" *<Vorgang im Unternehmen/Produkteigenschaft/Dienstleistung/ Service>?*

Suggestive Frage

Diese Fragetechnik zielt darauf ab, den Gefragten zur Bestätigung einer Aussage zu bewegen. Suggestive Fragen beginnen häufig mit Worten wie *„Sie sind doch sicher daran interessiert, dass …"*. Diese Frageart birgt die Gefahr, dass Sie Druck auf Ihr Gegenüber ausüben. Gerade zu Anfang eines Telefonats kann sich dies überaus negativ auf die Gesprächsstimmung auswirken, da der Kunde das Gefühl hat, dass Sie ihn nur überrumpeln wollen. Nutzen Sie diese Fragetechnik deshalb erst, wenn alle wichtigen Punkte bereits besprochen sind, der Kunde seinen Nutzen erkannt hat und die Frageart dem Kundentypus gerecht wird. Nur dann bietet die suggestive Frage eine solide Abschlussunterstützung oder Entscheidungshilfe – und wird fair eingesetzt.

Direkte Gegenfragen bei Einwänden

Im Rahmen Ihrer Telefonate werden Sie auch auf Einwände treffen. Wenn Sie sich in solch einem Fall persönlich angegriffen fühlen, besteht die Versuchung, mit einer direkten Gegenfrage zu kontern, um so Ihre Position zu verteidigen. Besser Sie vermeiden diesen Impuls, um Ihr Ziel – ein erfolgreiches Telefonat – zu erreichen. Begegnen Sie Einwänden daher ausschließlich auf der sachlichen Ebene und sehen Sie sie als Anlass, die Vorteile Ihres Produktes zu unterstreichen.

Killerfragen vermeiden

Killerfragen sind Fragen, die durch ungeschickte Formulierungen oder eine falsche Fragetechnik der Gesprächsatmosphäre deutlich schaden, sie schlimmstenfalls sogar zerstören. Darum gilt es, diese Killerfragen unbedingt zu vermeiden.

Die häufigsten Killerfragen sind diese:

- Geschlossene Fragen zu Beginn eines Gesprächs – der Antwortimpuls auf eine geschlossene Frage erfolgt schnell und oft ohne Nachdenken. Antwortet Ihr Gesprächspartner in diesem frühen Gesprächsstadium mit „Nein" – wenn Sie lieber ein „Ja" hören möchten –, ist der Gesprächsfluss negativ beeinträchtigt.
- Negativ formulierte Verständnisquittungen oder Fragen, die negative Worte wie „nicht" oder „kein" beinhalten, wirken sich negativ auf das Gesamtgespräch aus und schwächen Ihre Position. Beispiel: *„Sie haben also kein Interesse an ...?".*
- Fragen, die Ihren Gesprächspartner ins Jammertal führen, also an negative Ereignisse erinnern, zum Beispiel: *„Sie haben schlechte Erfahrungen gemacht mit ...? Was ist passiert?"*
- Fragen, die einen negativen Fokus beinhalten, z. B.: *„Was spricht dagegen?"*
- Fragen, die mit einem provokanten „Warum?" beginnen.
- Fragefloskeln sind oft der wahren Frage vorangestellt und im Grunde leere Worte ohne Inhalt. Typische Fragefloskeln sind *„Können Sie mir sagen, ob ..."* oder *„Darf ich fragen, ob ...".*

- Verlegenheitsfragen, die im hilflosen Versuch gestellt werden, per Small Talk ein Gespräch zu einem wenig oder gar nicht bekannten Gesprächspartner aufzubauen. Für die meisten Deutschen ist Small Talk ungewohnt, und sie wundern sich, wenn Sie sich nach ihrem Wohlbefinden erkundigen. Zum Small Talk brauchen Sie entweder eine vorhandene Beziehungsebene oder einen echten Anknüpfungspunkt.

Durch das bewusste Vermeiden von Killerfragen bewirken Sie, dass das Gespräch positiv verläuft.

3.4 Sinnvolles Schweigen

Zum Sprechen gehört auch Schweigen. Vermutlich fällt es Ihnen wie vielen anderen während eines Telefonats schwer, zur richtigen Zeit rhetorische Pausen einzusetzen, also gezielt zu schweigen.

Schweigt das Gegenüber, werden viele unsicher und versuchen, diese „akustische Lücke" möglichst schnell zu füllen. Das kann dazu führen, sich zu spontanen, unüberlegten Aussagen hinreißen zu lassen oder sich in einer Verhandlungs- bzw. Abschlussphase in die schwächere Position zu begeben. Lernen Sie, das Schweigen als einen hilfreichen Gesprächsbestandteil zu sehen, denn Gesprächspausen haben ihre Vorteile.

Was tun, wenn der Kunde plötzlich schweigt?

Wenn sich Ihr Gesprächspartner Zeit nimmt, um auf eine Ihrer Fragen zu antworten, kann dies verschiedene Ursachen haben. Möglich – allerdings unwahrscheinlich in einer guten Kommunikation – ist, dass er die Frage gar nicht verstanden hat oder sie nicht beantworten möchte. Wahrscheinlicher ist, dass er durch Ihre offene und motivierende Fragestellung angeregt wird und über seine Antwort nachdenkt, bevor er sie äußert. Oder er möchte ihr mehr Gewicht verleihen und legt deshalb eine kurze Pause ein. Das Schweigen Ihres Gesprächspartners kann also viele Gründe haben. Bleiben Sie entspannt und geben Sie Ihrem Gegenüber die Zeit, die er braucht. Verzichten Sie vor allem darauf, eine eben formulierte offene Frage durch eine geschlossene zu schwächen. Besonders unnötig und gesprächshemmend wirkt beispielsweise die Frage: *„Sind Sie noch da?"*

Schweigen Sie auch mal

Nutzen Sie das Schweigen als Sprachmittel. Durch rhetorische Pausen können Sie den folgenden Satz betonen und ihm Überzeugungskraft verleihen. Nach offenen Fragen signalisiert Ihr Schweigen Ihrem Gesprächspartner, dass Sie sich Zeit für ihn nehmen und nicht nur rhetorische Fragen stellen, sondern wirklich an seiner Antwort interessiert sind. Gerade bei Vertriebstelefonaten besteht schnell die Gefahr, dass der Verkäufer sehr viel mehr spricht als der potenzielle Kunde – der sich dann überrumpelt fühlt oder abschaltet. Achten Sie daher darauf, Ihren Redeanteil dem Ihres Gesprächspartners anzupassen. Lassen Sie den anderen antworten. So sagt er Ihnen all das, was Sie sich für ein individuelles, maßgeschneidertes Angebot wünschen. Wenn er das Gefühl von interessierter Aufmerksamkeit Ihrerseits empfindet, steigert das auch Ihren Sympathiefaktor.

Durch eine rhetorische Pause haben Sie die Möglich-
keit, das Gespräch gezielt zu steuern. Pausen verleihen
Ihren Worten Aussagekraft.

3.5 Argumente optimal präsentieren

Sie möchten, dass Ihr Gesprächspartner „anbeißt"? Dann stellen Sie ihm seine Vorteile im Rahmen des „Telefon-Sales-Burgers" vor. Wie das schmackhafte Fleisch, das zwischen zwei kross gebratenen Brötchenhälften liegt, präsentieren Sie ihm seine Vorteile eingebettet in die Darstellung Ihrer Leistungen und Beweise für seinen Nutzen.

Argumente für den Telefon-Sales-Burger:
- Angebotsphase, Leistungen: Was bieten Sie an? Z. B. Installation und Schulung durch eigene Fachkräfte, kostenlose Service-Hotline, regelmäßige kostenlose Updates.
- Kundennutzen: Wovon profitiert Ihr Kunde bei Ihnen? Warum soll er bei Ihnen kaufen, wenn die Mitbewerber vielleicht günstiger sind?
  Vorteile können sein: Übersichtlichkeit, Datenzugriff durch alle Projektmitglieder, Änderungshistorie der Daten, Erinnerungsfunktion, Passwortschutz für die Daten.
- Beweis: Referenzprojekte, positive Erwähnung im Testbericht der Zeitschrift XY.

Wenn Sie Ihr Produkt Ihrem Kunden schmackhaft machen – und ihn charmant auch in Folgegesprächen daran erinnern –, erhöhen Sie Ihre Abschlusschance. Vergleichen Sie den Argumentationsaufbau in den folgenden beiden Beispielbegrüßungen.

Beispiel für einen knappen, wenig Erfolg versprechenden Gesprächseinstieg:

„Herr Kunde, Sie haben letzte Woche Unterlagen erhalten. Wir schalten wieder eine Sonderseite zu ... <Thema>. Sie können sich hier mit einer Anzeige und redaktionellen Erwähnung beteiligen. Ich mache Ihnen auch einen guten Preis. Jetzt wollte ich mal nachfragen, ob das für Sie interessant ist.“

Beispiel für einen interessanten, gewinnenden Gesprächseinstieg:

„Herr Kunde, in vier Wochen erscheint die beliebte Sonderseite zu ... <Thema>. Durch die Auflage von x erreichen Sie alle Haushalte in Ihrer Umgebung und Sie sprechen auch junge Leser an. Sie haben hier die Chance, <Firmenname> sowohl mit Fotos als auch besonderen Angeboten plus Berichterstattung in den Vordergrund zu stellen. Das praktische, leserfreundliche Beilagenformat wird gerne aufbewahrt. Sie präsentieren sich dadurch bereits bestehenden Kunden. Und Sie haben die Chance, dass neue Kunden Sie wahrnehmen und Sie sich mittel- und längerfristig im Kundenkopf verankern. Herr Kunde, welche aktuellen Angebote oder Neuigkeiten liegen Ihnen denn am Herzen, die Sie gerne stärker präsentieren möchten?“

Beide, Verlierer und Gewinner, sprechen das Thema „Anzeigenschaltung in einer Sonderbeilage" an. Der Verlierer spricht über Unterlagen, die der Kunden unaufgefordert per Mail zugeschickt bekommen hat. Die unbeholfene, geschlossene Einstiegsfragefloskel gibt dem Kunden die Möglichkeit, den Anrufer abzuwimmeln. Der Gewinner holt den Kunden durch Vorbereitung und kundenorientierte Sprache ab und vermittelt wirklichen Kundennutzen. Durch die offene Einstiegsfrage motiviert er den Kunden, eigene Ideen zu entwickeln. Auf Basis dieser Ideen und Informationen kann er nun seine Argumente anhand des „Telefon-Sales-Burgers" aufbauen und präsentieren und verkauft sein Produkt so auf die beste Weise.

Durch Zauber-Worte und einen kundenorienterten *Gesprächsaufbau schaffen Sie eine positive Atmosphäre. Der Kunde spürt, dass Sie wirklich Interesse an ihm haben, und wird durch die Darstellung von Vorteilen motiviert.*

4. Zum Kauf bewegen und abschließen

Es ist so weit: Sie rufen einen potenziellen Kunden an. Den Einstieg in das Telefonat konnten Sie komplett im Voraus planen. Ganz anders ist es mit dem eigentlichen Gespräch: Die Reaktionen im Verlauf des Gesprächs können völlig verschieden ausfallen. Mit den folgenden Hilfestellungen und Tipps wird es Ihnen gelingen, das Gespräch sicher und zielgerichtet bis hin zum Vertragsabschluss zu führen.

4.1   Den Nutzen herausstellen

Durch den Satz zur Sache haben Sie Ihrem Gesprächspartner gleich zu Beginn zwei klare Vorteile Ihres Produktes genannt. Viele Kunden fragen im Lauf des Gesprächs nach weiteren Argumenten für Ihr Angebot. Entscheiden Sie, wann es sich lohnt, mit gezielter Wiederholung und Vertiefung bereits genannter Argumente zu arbeiten, und wann es hilfreich ist, neue Vorteile für Ihren Kunden ins Feld zu führen. Manchmal ist es sinnvoll, einige Argumente zum Kundennutzen ungesagt zu lassen, um so auch bei künftigen Gesprächen und Abschlüssen Ihren Kunden noch mit neuen Informationen überraschen zu können.

Bei Terminvereinbarungen: Argumente aufsparen

Wenn Ihr Telefonat darauf abzielt, einen Termin zu vereinbaren, tun Sie gut daran, nur einen Teil der Vorteile Ihres Produkts oder Ihrer Dienstleistung zu nennen. Anschließend schlagen Sie Ihrem Gegenüber ein persönliches Treffen vor, um ihm seine Vorteile detailliert vorzustellen und ihn gleichzeitig individuell zu beraten. Wenn Sie bereits am Telefon alle Vorteile nennen, fehlen weitere Argumente, die Sie später im Termin anführen können. Zudem sinkt die Terminwahrscheinlichkeit, da Ihr Gegenüber aufgrund der Fülle an Informationen das Gefühl hat, schon hinreichend informiert zu sein.

Kundenbedarf vorhanden: Alle Argumente nennen

Anders ist es, wenn der Kunde von sich aus einen akuten Bedarf an einem Produkt wie dem Ihren hat und schon selbst auf der Suche ist – oder wenn Sie es bereits geschafft haben, ein konkretes Interesse bei ihm zu wecken. In diesem Fall überzeugen Sie selbstverständlich mit allen Argumenten für Ihr Produkt und machen sich unwiderstehlich, um den Kunden für sich zu gewinnen. Nennen Sie auch scheinbar selbstverständliche Argumente oder Vorteile, die bei manchen Wettbewerbern ebenfalls vorhanden sind. Denn: Ihr Gegenüber will all seine Vorteile wissen, um zu entscheiden, warum er bei Ihnen kaufen soll. Wenn sein Kundennutzen ihm wirklich präsent ist, wird er ihn tatsächlich als Nutzen wahrnehmen.

Verschicken von Informationsmaterial

Im Laufe eines Telefonats werden viele potenzielle Kunden fragen, ob Sie ihnen Informationsmaterial zukommen lassen könnten. Besonders wenn diese Frage extrem früh gestellt wird, liegt die Vermutung eines Vorwands nahe. Dann wird diese Frage weniger aus tatsächlichem Interesse heraus gestellt, sondern dient vielmehr dazu, das Gespräch kurzfristig zu beenden. Als „netter" Verkäufer sind Sie vielleicht geneigt, diesem Wunsch zu entsprechen. Bitte denken Sie daran: Die wenigsten werden diese Broschüre wirklich lesen, und noch weniger werden sich anschließend bei Ihnen melden. Sie würden also mit hoher Wahrscheinlichkeit die Chance verschenken, Ihren Gesprächspartner als Kunden zu gewinnen. Besser, Sie schaffen es als Verkäufer, Ihr Gegenüber von den Vorteilen eines persönlichen Treffens zu überzeugen – und bringen dann gerne die gewünschten Unterlagen zum Termin mit.

Wägen Sie ab, welche Argumente Sie im ersten Telefonat nennen – und welche Sie sich für zukünftige Gespräche aufsparen. Grundsätzlich gilt: Je höher der akute Bedarf des Kunden an Ihrem Produkt, desto mehr Kundennutzen sollten Sie ihm sofort nennen.

4.2 Professionelle Einwandbehandlung

Der Umgang mit Einwänden erfordert Mut und Fingerspitzengefühl zugleich. Denn Einwände kommen schnell und klingen oft hart und unfreundlich. Begreifen Sie Einwände jedoch als Chancen, können Sie diese durch schlagfertige und charmante Hartnäckigkeit entschärfen und umwandeln. Wichtig dabei ist, dass Sie einen Einwand als das sehen, was er ist: ein Argument, welches für den Kunden aus seiner Sicht und nach seinem aktuellen Wissensstand gegen Ihr Produkt spricht. Manchmal ist es auch ein Versuch zu „pokern".

Wie reagieren?
Um angemessen auf einen Einwand zu reagieren, ist es hilfreich, dass Sie sich die Wirkung verdeutlichen, die ein Einwand auf Sie haben kann. Viele Menschen neigen dazu, Einwände als Angriff zu deuten. Sie fühlen

sich bedroht und unter Druck gesetzt. Je nachdem, was für ein Typ sie sind, reagieren sie auf verschiedene Weise:

1. **Flucht:** Werden sie mit Einwänden konfrontiert, reagieren viele Menschen mit einem ausgeprägten Fluchtinstinkt. Am liebsten möchten sie sofort der Situation entfliehen und das Gespräch – wenn überhaupt – zu einem anderen Zeitpunkt fortführen. Doch ein vorzeitiges Beenden des Gesprächs beleidigt das Ego des potenziellen Kunden. Die Verankerung im Kundenkopf nach abrupter Aufgabe ist negativ, weil sich der Anruf als Zeitfresser entpuppt hat.

2. **Verteidigung:** Andere Menschen beziehen Einwände auf ihre Person und verspüren das Bedürfnis, sich zu verteidigen. Dementsprechend klingt die Stimme oft streitlustig. Oft stellen sie gar provozierende Gegenfragen. Manche Verkäufer mit stark ausgeprägtem Verteidigungsdrang versuchen auch, den Kunden mit einer suggestiven Redeflut verbal niederzuringen. Der Kunde fühlt sich durch diese Reaktion angegriffen und wird das Gespräch blockieren oder beenden. Die Chance auf einen erfolgreichen Abschluss ist vertan.

3. **Ausweichen:** Einige Menschen möchten durchaus sachlich und freundlich auf den Einwand reagieren, sind jedoch keineswegs vorbereitet, schlagfertig darauf einzugehen. Sie reagieren „automatisch" mit „ja, aber …". Wie Sie bereits wissen, hat dieses Wort eine negative Wirkung und beeinträchtigt die Gesprächsatmosphäre deutlich.

Einwände sind nicht grundsätzlich „böse"

Ein vorgebrachter Einwand führt nicht automatisch zu einer Verschlechterung der Gesprächsstimmung – viel mehr ist es Ihre Reaktion auf diesen Einwand, die das Klima Ihres Telefonats beeinflusst. Durch die richtige Reaktion können Sie die positive Atmosphäre des Gesprächs aufrechterhalten: Nehmen Sie den Einwand neutral auf. Akzeptieren Sie ihn in vollem Umfang und reagieren Sie positiv darauf. So federn Sie ihn sanft ab und können ihn durch geeignete Nutzenargumente entkräften. Lenken Sie das Telefonat dann wieder in die Richtung des eigentlichen Gesprächsziels: der Vorbereitung des Abschlusses. Auf diese Weise verhindern Sie einen verbalen „Kampf" darum, wer recht hat, und bewahren eine offene Kommunikations- und Gesprächsatmosphäre.

Hier ein Beispiel für eine gute Reaktion:

„Gut, dass Sie …<Thema> ansprechen. Dadurch geben Sie mir die Gelegenheit, Ihnen den spezifischen Vorteil unserer … <Maschine> in Sachen Produktionsgeschwindigkeit im Detail darzustellen."

Vorwände aufdecken

Mancher Einwand ist in Wirklichkeit bloß ein Vorwand, hinter dem sich Ihr Gegenüber „versteckt". Er nennt Ihnen keinen wirklichen Grund, der gegen eine Kaufentscheidung spricht, sondern versucht lediglich, das Gespräch auf eine einfache Weise zu beenden. Ein häufiger Vorwand ist „kein Interesse".

Vorwände lassen sich nicht direkt auf sachlicher Ebene entkräften – dennoch gibt es eine Möglichkeit, professionell auf Vorwände einzugehen. Isolieren Sie den Vorwand und fragen Sie anschließend, ob die Vorteile des Produktes unter anderen Umständen für Ihr Gegenüber interessant sein könnten.

Ihre Antwort auf den Vorwand *„Daran habe ich zur Zeit kein Interesse"* könnte so aussehen:

„Bedeutet das – angenommen Sie hätten zurzeit Interesse –, dass Sie dann gerne … <Vorteil 1> und … <Vorteil 2> näher kennenlernen würden?"

Oder:

„Herr Kunde, danke, dass Sie hier gleich so offen Ihre aktuelle Situation ansprechen. Ganz abgesehen davon sind Sie ja sicher sehr daran interessiert, ein für Sie vorteilhaftes Angebot zu prüfen, das Ihnen … <Vorteil 1> und …<Vorteil 2> bietet und auf das Sie dann jederzeit bei Bedarf zurückgreifen können, oder?"

 Entschärfen Sie Einwände, indem Sie sie professionell auf der rein sachlichen Ebene behandeln. Nehmen Sie Einwände an und reagieren Sie positiv darauf. Auf diese Weise erhalten Sie die positive Gesprächsstimmung und entschärfen zudem Bedenken Ihres Gegenübers.

4.3 Kaufsignale erkennen

„Sie haben mich von Ihrem Produkt überzeugt, ich möchte es gerne kaufen." Diesen Satz werden Sie von den wenigsten Kunden hören. Deshalb ist es an Ihnen, die Signale zu erkennen, die auf die Kaufbereitschaft Ihres Kunden hindeuten.

Signale für Kaufbereitschaft:

- Der Kunde stellt passende Fragen zum Thema.
- Der Kunde signalisiert Interesse am Gespräch und an der Themenstellung.
- Auf eine Nachfrage Ihrerseits bestätigt er das Interesse an diesem Thema.

Es ist durchaus möglich, dass Sie diese Signale wahrnehmen, bevor alle Eigenschaften Ihres Produktes oder der Leistungen bis ins kleinste Detail besprochen wurden. Bereits jetzt ist es sinnvoll, den Abschluss „einzuläuten". Die Erfahrung zeigt, dass es im Telefonat besser ist, zuerst die grundsätzliche Kaufbereitschaft zum Abschluss zu nutzen und anschließend die Details zu „verkaufen".

Sie erkennen die Kaufbereitschaft des potenziellen Kunden an seinem Interesse oder Bedarf an der Thematik allgemein sowie Ihrem Produkt im Speziellen.

4.4 Abschlussvoraussetzungen

Unmittelbar bevor Sie den Abschluss einleiten, „haken" Sie bitte im Kopf noch einmal alle wichtigen Punkte ab, die für einen Abschluss erforderlich sind.

Abschlussvoraussetzungen:

- Der Kunde ist entscheidungsbefugt.
- Der Kunde hat aktuellen Bedarf.
- Der Kunde hat seinen Nutzen erkannt.

- Eventuelle Vorwände und Einwände sind geklärt und abgearbeitet.
- Die Gesamtreaktion des Kunden ist positiv, er sendet Kaufsignale.

 Prüfen Sie, bevor Sie einen Abschluss einleiten, ob alle Voraussetzungen hierfür erfüllt sind.

4.5   Abschluss

Sind alle Abschlussbedingungen erfüllt, stellen Sie die Abschlussfragen. So finden Sie heraus, ob der Gesprächspartner Ihr Produkt oder Ihre Dienstleistung kaufen möchte. Durch diese konkreten Fragen geben Sie Ihrem Kunden die Möglichkeit, seinen Kaufwunsch und die Kaufentscheidung eindeutig zu kommunizieren.

Die Abschlussfragen
Die Abschlussfragen sind geschlossene Fragen, die Ihr Kunde mit einem klaren „Ja!" beantworten kann. Wählen Sie dabei eine Formulierung, aus der hervorgeht, dass der Abschluss bei Zustimmung ab sofort Gültigkeit hat.

Ein Beispiel:
„Herr Kunde, möchten Sie ab jetzt durch unsere xy-Maschine von kürzeren Produktionszeiten profitieren?"

Auftrags- und Zahlungskonditionen klären
Ihr Gesprächspartner möchte das Produkt kaufen und bejaht die Abschlussfrage. Nun gilt es, die Details des

Angebots zu klären. Dazu können der Liefertermin oder die Zahlungskonditionen, Termine für Schulungen oder Besprechungen gehören. Gerade in dieser Phase ist es wichtig, dass Sie Ihrem Gesprächspartner weiterhin signalisieren, dass er als Kunde König ist und Sie ihn gerne gut und zuverlässig betreuen. Ansonsten besteht die Gefahr, dass der Kunde das Gefühl hat, dass es Ihnen nur auf den Abschluss ankam – und die Serviceleistung in dem Moment aufhört, in dem er den Kauf bestätigt hat.

Zusatzbedarf ermitteln

Es könnte sein, dass Sie bereits aus Bemerkungen Ihres Gesprächspartners seinen Bedarf an einem weiteren Produkt herausgehört haben. Ist dies nicht der Fall, fragen Sie direkt nach zusätzlichen Wünschen. Bieten Sie sich als Ansprechpartner für entsprechende Themengebiete an. Sie können Ihren Gesprächspartner auch fragen, ob er jemanden kennt, der möglicherweise ebenfalls Interesse an Ihren Produkten hat.

Wenn der Gesprächspartner „Nein" sagt

Falls Ihr Gesprächspartner eine Abschlussfrage mit „Nein" beantwortet, bewahren Sie bitte eine positive Einstellung. Das Verkaufsgespräch geht weiter, und es gilt nun, die Ursache für die ablehnende Antwort herauszufinden.

Mögliche Gründe:
- Vonseiten des Kunden sind noch Fragen offen. Fragen Sie ihn direkt, welche Informationen er noch braucht, um „Ja" zu sagen.

- Die Entscheidung hängt von einem weiteren Um-
stand oder einer anderen Person ab. Hier hilft eine
sogenannte „Vorverkaufsabschlussfrage", z. B. *„Herr
Kunde, wenn Sie allein entscheiden würden, würden
Sie „Ja" sagen zu ... <Produkt/Dienstleistung>?"*

Bei einem Vorverkaufsabschluss bezieht der Kunde
eine klare Stellung, ohne dass seine Antwort rechtlich
bindend ist. Der Vorteil für Sie: Sie wissen, „woran Sie
sind", und können bei einer positiven Antwort auf
Ihre Vorverkaufsabschlussfrage gemeinsam mit dem
Kunden die Entscheidungshemmnisse beseitigen.

Alle Vorteile Ihres Produktes zu nennen ist dann sinn- *voll, wenn Ihr Gesprächspartner bereits konkretes Interesse hat und der Abschluss am Telefon zustande kommt. Auf Einwände reagieren Sie positiv. Sendet Ihr Gegenüber dann Signale der Kaufbereitschaft, ist der richtige Augenblick für den Abschluss gekommen.*

5. Telefonate professionell beenden

Wie bleiben meinem Gegenüber die wichtigsten Punkte im Gedächtnis?

Seite 67

Was kann ich tun, damit der Kunde „Kauffreude" empfindet?

Seite 69

Wie verabschiede ich mich professionell?

Seite 71

Wie kann ich das Gespräch nachbereiten?

Seite 72

Unabhängig davon, ob das Telefonat zu einem Verkaufsabschluss geführt hat oder nicht: Mit einer positiven Verabschiedung hinterlassen Sie einen guten letzten Eindruck. Wenn Ihr Gegenüber das Gespräch als angenehm empfunden und Sie als Experten auf Ihrem Gebiet kennengelernt hat, besteht die Möglichkeit, auf seine Empfehlung hin einen neuen Kunden zu gewinnen oder in Zukunft eine Anfrage aus seinem Unternehmen zu bekommen. Umgekehrt wird ein Gesprächspartner, der sich durch eine unfreundliche Verabschiedung schlecht behandelt fühlt, im schlimmsten Fall diese Erfahrung weitertragen und andere vor Ihrem Unternehmen „warnen".

5.1 Zusammenfassung und konkrete Vereinbarung

Der Gesprächsabschluss bleibt vielen Gesprächspartnern am deutlichsten in Erinnerung, weil er das letzte ist, was er von Ihnen wahrnimmt. Nutzen Sie dies, indem Sie gegen Ende des Gesprächs die Kernpunkte des Telefonats wiederholen und Vereinbarungen für die Zukunft treffen – und so diese Informationen gezielt im Kundenkopf „verankern".

Zusammenfassung

Fassen Sie die wichtigsten Inhalte des Telefonats kurz und mit positiven Worten zusammen. Ist es zu einem Vertragsabschluss gekommen, könnte Ihre Zusammenfassung lauten:

„Herr Kunde, Sie haben eine gute Entscheidung getroffen. Sie haben sich für ... <Produkt> entschieden und bekommen – wie wir's besprochen haben – ... <Anzahl> Exemplare."

Kam es hingegen zu einem Vorvertragsabschluss, eignet sich dieser Satz: *„Herr Kunde, prima, dass Sie Wert auf ... <Vorteil> legen. Das haben Sie mit unserem Produkt X auf jeden Fall gewährleistet."*

Hat Ihr Gesprächspartner hingegen derzeit keinen Bedarf oder hat er sogar unfreundlich reagiert, verzichten Sie lieber auf eine Zusammenfassung, da es schwer ist, auf dieser Basis ein ehrlich klingendes positives Fazit zu ziehen. In diesem Fall genügt eine freundliche Verabschiedung mit guten Wünschen und gegebenenfalls ein Dank für das Telefonat.

Konkreter Verbleib
Kaum zu glauben: Wenige Verkäufer treffen am Ende eines Gesprächs konkrete, vollständige Vereinbarungen. Doch genau diese sind wichtig, um die Betreuung des Kunden professionell fortzuführen. Denn nur eine klare Absprache gewährleistet, dass beide Seiten genau „im Bilde" darüber sind, welche Schritte folgen. Vereinbaren Sie deshalb am Ende eines Telefonats die nächsten Maßnahmen. Dazu gehört der Versand von zusätzlichen Informationen ebenso wie ein Termin für ein Folgetelefonat oder ein persönliches Treffen. Wenn Sie eine weitere Kontaktaufnahme innerhalb der folgenden Wochen planen, verabreden Sie direkt einen konkreten Termin, um sicherzugehen, dass Ihr Gegenüber auch wirklich

Zeit für Sie hat. Bei mittel- oder längerfristig geplanten Terminen ist es sinnvoll, zumindest eine Kalenderwoche festzuhalten, in der der Nachfolgetermin stattfindet.

Das zuletzt Gesagte verankert sich besonders stark im *Gedächtnis Ihres Gegenübers. Nutzen Sie dies, indem Sie die wichtigsten Gesprächsinhalte kurz zusammenfassen. Vereinbaren Sie zudem, wann genau Sie wieder mit Ihrem Kunden sprechen und wer bis dahin was zu tun hat.*

5.2   Entscheidungsrechtfertigung

Kennen Sie das Prinzip der „Entscheidungsrechtfertigung"? Dieses Prinzip besagt, dass ein Kunde erst nach dem eigentlichen Kauf die Überzeugung entwickelt, „richtig" gekauft zu haben – oder eben nicht. Erst dann entscheidet sich, ob Ihr Kunde „Kauffreude" oder „Kaufreue" entwickelt. Er ist dann bemüht, seinen Kauf vor sich und anderen zu rechtfertigen, um zu beweisen, dass er richtig gewählt hat. Er tut dies auch, weil er weiß, dass im Geschäftsleben reine Bauchentscheidungen meistens hinterfragt werden.

Den Kunden zu „Kauffreude" animieren
Wiederholen Sie im Gesprächsabschluss die Vorteile, von denen Ihr Kunde durch Ihr Produkt oder Ihre Dienstleistung profitiert. Dadurch wird die Zufriedenheit des Kunden mit seinem Kauf aktiviert. Die Entscheidung für einen Kauf wird ohnehin zum größten Teil aus dem Gefühl heraus getroffen. Nur wenn Ihr Kunde Sie und

das Unternehmen/Produkt für glaubwürdig hält, sein Bauchgefühl also zustimmt, wird er „Ja" sagen. Loben Sie ihn für seine kluge Entscheidung – ehrlich, aktuell (bezogen auf den Zeitpunkt), begründet und in die Zukunft weisend. Hier ein Beispiel:

„Herr Kunde, mit ... <Produkt> haben Sie eine prima Entscheidung getroffen, Sie werden sehr zufrieden sein. Schon bald werden Sie sagen: ‚...<Produkt> ist super und seinen Preis wert', und Ihre Mitarbeiter werden Ihnen dankbar sein."

Oder:

„Herr Kunde, mit ... <Produkt> haben Sie eine prima Entscheidung getroffen, Sie werden sehr zufrieden sein. Schon bald werden Sie sagen: ‚Die Investition in <Produkt> hat sich gelohnt, mittel- und langfristig – für Mitarbeiter und Unternehmen.'"

Einige Verkäufer wählen an dieser Stelle die Formulierung: *„Vielen Dank für den Auftrag."* Streichen Sie bitte diesen Satz aus Ihrem Wortschatz, Sie brauchen keine Almosen! Immerhin sind Sie von Ihrem Produkt überzeugt, und Ihr Kunde kauft es wegen seiner klaren Vorteile – und nicht, um Ihnen einen Gefallen zu tun. Natürlich können Sie sich bedanken, wählen Sie dafür aber eine andere Formulierung:

„Herr Kunde, besten Dank für Ihr Vertrauen. Ich freue mich auf unsere Zusammenarbeit."

 Durch einen kurzen Satz, der die Hauptvorteile für den Kunden nochmals herausstellt, unterstützen Sie Ihren Kunden dabei, „Kauffreude" zu entwickeln und zu behalten.

5.3   Verabschiedung

Die Verabschiedung ist eine letzte freundliche Geste, durch die Sie den positiven und freundlichen Eindruck noch einmal verstärken können, den Ihr Gegenüber von Ihnen hat.

Sich als Ansprechpartner anbieten
Nutzen Sie folgende Worte ganz bewusst kurz vor Gesprächsende: *„Wenn Sie noch Fragen haben oder zusätzliche Informationen möchten, melden Sie sich gerne bei mir."* Denn die Wirkung dieses Satzes ist enorm: Mit nur wenigen Worten laden Sie Ihren Gesprächspartner ein, Sie bei weiterem Informationsbedarf anzurufen, und versprechen ihm gleichzeitig, dass er in Ihnen einen professionellen Ansprechpartner hat, der ihm bei der Lösung seiner Probleme weiterhilft.

Das „Auf Wiedersehen"
Beenden Sie ein Gespräch immer positiv. Bei unangenehmen Gesprächspartnern oder einem negativen Gesprächsverlauf ist es eine Herausforderung, einen positiven Abschluss zu finden. Bleiben Sie trotzdem höflich und freundlich.
Verabschieden Sie sich am besten mit persönlichen Worten. Sie wissen, dass Ihr Gesprächspartner demnächst in Urlaub fährt? Dann wünschen Sie ihm eine gute Erholung. Haben Sie hingegen von einem wichtigen Termin erfahren, den er wahrnehmen muss, wünschen Sie ihm Erfolg. Wenn Sie keinen Anlass für einen individuellen Schlussgruß sehen, wünschen Sie einfach eine angenehme Woche, ein schönes Wochenende oder eine erfolgreiche Zeit.

Beenden Sie das Gespräch immer mit positiven Worten – auch wenn Ihr Gesprächspartner aktuell noch kein Interesse an Ihren Produkten oder Dienstleistungen hat. Er könnte als Multiplikator oder zukünftiger Kunde ein wertvoller Kontakt sein. Indem Sie sich als Kontaktperson für Ihr Themengebiet anbieten, verstärken Sie das Bild des professionellen und freundlichen Ansprechpartners.

5.4 Nachbereitung

Für manchen Verkäufer endet ein Telefonat mit dem Auflegen des Hörers. Doch zu einem professionellen Telefonat gehört auch die Nachbereitung des Gesprächs. Notieren Sie das Besprochene in einem Kurzprotokoll – zusammen mit Datum, Uhrzeit und Ansprechpartner. So analysieren Sie Ihre Fortschritte, und dadurch, dass Sie stets „voll im Bilde" über bereits Besprochenes und Vereinbartes sind, stärken Sie auch die langfristige Beziehungsebene und Kundenbindung.

Informationen festhalten

Ihr Gesprächspartner hat Ihnen erzählt, dass er demnächst eine Schulung hält? Oder dass er Urlaub hat? Diese Information gibt Ihnen die Möglichkeit, beim nächsten Telefonat zu punkten, indem Sie nach diesem Ereignis fragen. Sie signalisieren dadurch, dass Sie ihm wirklich Ihre volle Aufmerksamkeit schenken. Am besten legen Sie schon vor dem Gespräch Papier und Stift zurecht, um sich solche Informationen sofort notieren zu können. Auch wenn Sie eine PC-gestützte Datenbank mit Notizmöglichkeit haben, nutzen Sie bitte den „altmodischen" Weg und geben Sie die persönlichen Informationen erst nach dem Telefonat in Ihren PC ein. Geschäftliche Sachverhalte können Sie per Tastatur gleich mitschreiben, vorausgesetzt, Sie kündigen die Notizen an.

Folgeaktionen notieren

Tragen Sie den Termin für Ihr nächstes Treffen in Ihre Terminplanung ein. Notieren Sie in einer Sammelliste, wem Sie welche Informationen nach Ihren Telefonaten zukommen lassen. So gerät es nicht in Vergessenheit und Sie arbeiten gebündelt und effektiv.

Erfolgsstatistik führen

Sie haben den festen Willen, mit jedem Telefonat besser zu werden? Dann sollten Sie eine Erfolgsstatistik führen. Das hat zwei konkrete Vorteile für Sie: Zum einen erkennen Sie, wo Ihr Verbesserungspotenzial liegt. Und zum anderen motivieren Sie sich selbst, indem Sie sich deutlich machen, wie viel Sie schon geschafft haben. Auf den folgenden Fragen können Sie sich Ihre eigene Erfolgsmessung aufbauen, ausgerichtet auf Ihre persönlichen Bedürfnisse.

Fragen für Ihre Erfolgsstatistik:
- Wie viele Kunden möchten Sie pro Tag anrufen?
- Wie viele im Monat?
- Wie viele Abschlüsse möchten Sie erreichen?
- Wie messen Sie Ihren Erfolg quantitativ?
- Wie messen Sie Ihren Erfolg qualitativ?

Wenn Sie Ihre Erfolgsmessung konsequent durchführen, wird Ihnen schon bald auffallen, wie viel Sie leisten, und Sie werden motiviert sein, diesen Erfolgskurs beizubehalten. Im Folgenden finden Sie ein Beispiel-Formular für eine Erfolgsstatistik.

Firma:
Name:
Datum/Telefonzeit:

ANZAHL AKTIVER TELEFONATE:

Entscheider-gespräche	☺☺☺☺	☺☺☺☺	☺☺☺☺	☺☺☺☺	Σ
Nachricht hinterlassen	☺☺☺☺	☺☺☺☺	☺☺☺☺	☺☺☺☺	Σ
Versuche	☺☺☺☺	☺☺☺☺	☺☺☺☺	☺☺☺☺	Σ

ERGEBNISSE:

Direktabschluss	☺☺☺☺	☺☺☺☺	☺☺☺☺	☺☺☺☺	Σ
Qualifizierte Terminvereinbarung	☺☺☺☺	☺☺☺☺	☺☺☺☺	☺☺☺☺	Σ
Versand Angebot	☺☺☺☺	☺☺☺☺	☺☺☺☺	☺☺☺☺	Σ
Versand Info-Material	☺☺☺☺	☺☺☺☺	☺☺☺☺	☺☺☺☺	Σ
Wiedervorlage	☺☺☺☺	☺☺☺☺	☺☺☺☺	☺☺☺☺	Σ
Kein Bedarf	☺☺☺☺	☺☺☺☺	☺☺☺☺	☺☺☺☺	Σ

UMSATZ:

Kunde:	_____	Euro:	_____
Kunde:	_____	Euro:	_____
Kunde:	_____	Euro:	_____
Kunde:	_____	Euro:	_____
Kunde:	_____	Euro:	_____ Σ

DEFINITION:

Entscheidergespräche:	Geführte Gespräche mit dem Entscheidungsträger
Nachricht hinterlassen:	Nachricht z. B. auf Anrufbeantworter oder bei anderer Person hinterlassen (Telefongebühren entstanden)
Versuche:	Anrufversuche, bei denen z. B. die Leitung belegt ist oder sich niemand meldet (keine Telefongebühren entstanden)
Direktabschluss:	Telefonischer Kaufabschluss
Qualifizierte Terminvereinbarung:	Konkrete, qualifizierte Terminvereinbarung mit Tag, Uhrzeit, Zeitdauer, Thema, Definition von Teilnehmern und Ort
Versand Angebot:	Versand von Angeboten auf Kundenwunsch
Versand Info-Material:	Versand von Info-Material auf Kundenwunsch
Wiedervorlage:	Ein Zeitpunkt für ein neues Telefonat wurde vereinbart. (Gilt auch bei mittel- bis langfristiger Wiedervorlage, wenn der Kunde zum aktuellen Zeitpunkt keinen Bedarf oder kein Interesse hat.) WICHTIG: Wiedervorlagen aus Direktabschlüssen, Terminvereinbarungen sowie Angebotserstellungen oder Versand von Informationsmaterialien erfolgen automatisch und werden hier **n i c h t** gesondert erfasst
Kein Bedarf:	Der Kunde hat definitiv keinen Bedarf am angebotenen Produkt, auch nicht in naher Zukunft

Das Ende des Telefonats wird Ihrem Gesprächspartner am stärksten in Erinnerung bleiben. Nutzen Sie dies, indem Sie gezielt das Gespräch zusammenfassen, den Kunden in seinem Kauf bestätigen und sich als Ansprechpartner anbieten. Eine sorgfältige Nachbereitung des Gesprächs erleichtert Ihnen den Einstieg in das nächste Telefonat und unterstützt Sie dabei, Ihren Erfolg messbar und sichtbar zu machen.

Die Autorin

 Claudia Fischer, Top-Kommunikationsexpertin für profitable Telefonate, gilt als eine der renommiertesten Telefon- und Kommunikationstrainer im deutschsprachigen Raum. Sie trainiert in Deutsch und Englisch Menschen, die noch professioneller telefonieren wollen – ohne dabei an Authentizität zu verlieren. Bei ihrer Arbeit konzentriert sich Claudia Fischer gemeinsam mit ihren Kunden auf die mittel- und langfristige Umsetzung von ganzheitlichen Telefontrainingskonzepten, die Bewältigung spezifischer Anforderungen des anspruchsvollen Business-Telefonats sowie auf die Förderung des High-Level-Telefonvertriebs bzw. der High-Level-Akquisition. Im Mittelpunkt steht bei ihr immer der Mensch mit seinem individuellen Umfeld.

www.telefontraining-claudiafischer.de

Weiterführende Literatur

- Blanchart, Kenneth, Sheldon Bowles: *Wie man Kunden begeistert. Der Dienst am Kunden als A und O des Erfolges.* Reinbek Rowohlt 1994.

- Fink, Klaus-J.: *Erfolgsmarketing. Königsweg der Neukundengewinnung.* 4., erw. Auflage, Gabler 2008.

- Fischer, Claudia: *Maximale Telefonpower. Mit Intuition und Empathie mehr Erfolg im Kundenkontakt.* 2., erw. Auflage, Betriebswirtschaftlicher Verlag Dr. Th. Gabler / GWV Fachverlage GmbH 2008.

- Fischer, Claudia: *Telefonpower. 3.* Auflage, Gabal Verlag GmbH 2006. Auch als Hörbuch erhältlich.

- Fischer, Claudia: *Telefonsales. 3.* Auflage. Gabal Verlag GmbH 2008. Auch als Hörbuch erhältlich.

- Johnson, Spencer: *Die Mäuse-Strategie für Manager. Veränderungen erfolgreich begegnen.* Verlag Heinrich Hugendubel 2007.

- Köhler, Hans-Uwe L.: *Verkaufen ist wie Liebe. Nutzen Sie Ihre Emotionale Intelligenz.* 14. Auflage, Walhalla U. Praetoria 2008.

Register